普通高等院校高等数学系列规划教材

# 概率论与数理统计

丛书主编　朱家生　吴耀强

主　　编　费绍金

参　　编　王　丽　王　莉

中国建材工业出版社

## 图书在版编目（CIP）数据

概率论与数理统计/费绍金主编. —北京：中国
建材工业出版社，2015.8（2021.1重印）
普通高等院校高等数学系列规划教材/朱家生，吴
耀强主编
ISBN 978-7-5160-1212-3

Ⅰ. ①概… Ⅱ. ①费… Ⅲ. ①概率论－高等学校－教
材②数理统计－高等学校－教材 Ⅳ. ①O21

中国版本图书馆 CIP 数据核字(2015)第 085141 号

## 内 容 简 介

本书共 8 章，内容包括事件与概率、随机变量及其分布、随机变量的数字特征、极限理论、统计量与抽样分布、参数估计、假设检验等。每章均配有不同难度的习题，A 部分为基础题，B 部分为提高题，书后附有习题解答或提示，供读者参考。

本书由具有丰富教学经验的教学骨干教师编写，深入浅出，通俗易懂，便于自学。

本书适合作为普通三本院校经济与管理类、理工类等各专业的教材，也可作为考研学生自学、复习用书。学习本书的预修课程是微积分和线性代数。

概率论与数理统计

主 编 费绍金

出版发行：中国建材工业出版社
地　　址：北京市海淀区三里河路 1 号
邮　　编：100044
经　　销：全国各地新华书店
印　　刷：北京雁林吉兆印刷有限公司
开　　本：787mm×1092mm　1/16
印　　张：10.75
字　　数：268 千字
版　　次：2015 年 8 月第 1 版
印　　次：2021 年 1 月第 8 次
定　　价：36.00 元

# 普通高等院校高等数学系列规划教材
# 编写委员会

**丛书主编** 朱家生　吴耀强

**丛书编委**（以姓氏笔画为序）

王玉春　王　丽　王　莉　仓义玲

刘晓兰　李红玲　陆海霞　郁爱军

周　坚　季海波　赵士银　费绍金

顾　颖　虞　冰　黎宏伟　衡美芹

# 序　言

　　高等数学课程作为高等学校的公共基础课，为学生的专业课程学习和解决实际问题提供了必要的数学基础知识及常用的数学方法，开设这门课程的目的除了把初等数学中一些未解决好的问题（如函数的性质、增减性等）重新认识并彻底解决外，还要通过学习其他的知识（如极限、微分、积分等），为学习专业课程打下坚实的基础。通过该课程的学习，可以逐步培养学生的数学思想、抽象概括问题的能力、逻辑推理能力以及较熟练的运算能力和综合运用所学知识分析问题、解决问题的能力，其对于应用型人才培养的重要程度是毋庸置疑的。

　　2008 年，受扬州大学委派，我来到苏北一座新兴的城市——宿迁，参与宿迁学院的援建工作。作为一名长期在高校数学专业从教的教师，第一次有针对性地接触到一些无数学专业背景的教师和非数学专业的学生，有机会亲耳聆听他们对于高等数学教学改革的诉求与建议，感触颇深。宿迁学院是江苏省新创办的一所本科院校，办学之初就定位于应用技术型人才的培养，如何适应不同专业和不同学业水平学生的需求，成为我与从事数学教学的同事们常常讨论的话题。围绕普通高校高等数学教学改革，我们先后开展了多个课题的研究，并在不同的专业进行了一些改革尝试。

　　为了能把我们这几年来教学改革的体会和感悟总结出来，与同行交流与分享，我们历经 2 年，编写了这套"普通高等院校高等数学系列规划教材"，本系列教材共有三个分册：《微积分（上/下册）》，《线性代数》和《概率论与数理统计》。

　　为了保证本系列教材的教学适用性，在编写过程中，我们对国内外近年来出版的同类教材的特点进行了比较和分析。从教材体系、内容安排和例题配置等方面充分吸取优点，尤其是在内容的安排上，根据大多数本科院校教学时数设置的情况，进行了适当取舍，尽可能避免偏多、偏难、偏深的弊端，同时也为在教学过程中根据不同专业的需要和学生的具体情况给教师补充、发挥留有一定的空间。此外，我们还参考了《全国硕士研究生入学统一考试数学考试大纲》，力求教材体系、内容在适应高等院校各专业应用型人才培养对数学知识需求的同时，又能兼顾报考研究生的需求。

　　本书的主要特点如下：

　　1. 遵循"厚基础，宽口径"的原则，在内容安排上，力争基础不削弱，重要部分适当加强。尽可能做到简明扼要，深入浅出，语言准确，易于学生学习。在引入概念时，注意以学生易于接受的方式叙述。略去大多数教材中一些定理的证明，只保存了一些重要定理和法则，更突出有关理论、方法的应用和数学模型的介绍，重在培养这些专业的学生掌握用这些知识解决实际问题的能力。

2. 我们充分考虑各专业后继课程的需要和学生继续深造的需求，将本系列教材配备了 A、B 两组习题，达到 A 组水平，即已符合本课程的基本要求；而 B 组则是为数学基础要求较高的专业或学生准备的，当然也适当兼顾部分学生报考研究生的需求。

3. 照顾到入学时的学生数学水平参差不齐，尤其是考虑到与中学数学相关内容的衔接，尽量让不同背景、不同层次的学生学有所获。

本系列教材的出版，得到了中国建材工业出版社的大力支持，特别是胡京平编辑的帮助，也得到宿迁学院和教务处的关心和支持，在此一并表示衷心感谢！

虽然我们希望能够编写出版一套质量较高、适合当前教学实际需要的丛书，但限于水平与能力，教材中仍有不少未尽如人意之处，敬请读者不吝指正。

朱家生

2015 年 6 月

# 前　言

概率论与数理统计是一门研究随机现象统计规律的数学学科，是一门重要的数学基础课程。这门学科发展到今天，在自然科学、社会科学、工农业生产等诸多领域中起着不可或缺的作用。特别是近 20～30 年以来，概率论与数理统计的思想和方法在经济、管理、金融、保险等方面得到了大量、深入的应用，使得这些领域的研究方法和研究范围得到了蓬勃的发展。概率论与数理统计作为理论严谨、应用广泛的数学分支日益受到人们的重视，并将随着科学技术的发展而发展。所以，作为讲授这门课的教师，担当着非常重要的任务，通过教学，让学生深刻体会到这门课的重要性并加以运用，真正做到"做中学、学中悟、悟中醒、醒中行"。

目前，以"三本"学生为培养对象的院校发展已具有相当规模，这类学校在数学基础课程教学中存在着缺乏与培养目标相适用的教材问题，多数学校选用重点大学的教材，教学内容的深度、广度由任课教师自行掌握，由于实际情形与教学内容、教材不符，导致删减内容可能过多，或由于例题的选讲角度，定理、性质的解说角度不同，给学生的学习带来困难，增加了学习的难度。另外，根据教育部的改革方案，这类高校今后都将转型为培养应用型人才，所以"合理压缩理论教学，加大实践教学环节"成为这类高校制订教学计划的原则，这就导致数学课程被压缩成为必然，使学生学习数学更加困难。

基于以上两点，为培养高素质的应用型人才，适应高等教育的改革发展，不断提高教学质量，加强教材的配套与建设是十分必要的。我们特组织了具有丰富教学经验的骨干教师组成教材编写组，根据教学大纲的基本要求编写本教材。

本书着眼于介绍概率论与数理统计中的基本概念、基本原理和基本方法。注重可读性，突出本课程的基本思想。强调直观性和应用背景，注重联系学生所学专业的实际，介绍概率论与数理统计在专业方面的应用。在保证教学基本要求的前提下，删除了繁杂的计算以及一些定理的证明，便于学生自学和理解。本教材的课后习题分为 A、B 两部分，A 部分是基础题，供学生课后巩固复习之用，B 部分是提高题，有一定难度，供考研学生复习之用。

本书由费绍金担任主编。第 1、7 章由费绍金编写，第 2、3 和 6 章由王丽编写，第 4、5 和 8 章由王莉编写，全书由费绍金统稿。

本书在编写过程中得到了宿迁学院文理学院许多老师的大力支持，并提出了宝贵的意见，对此我们表示衷心的感谢！在教材的编写过程中，参考并引用了同类教材的部分内容，在此不一一列举，我们也表示衷心的感谢！

由于水平有限，书中不妥之处在所难免，恳请各位同行和广大读者不吝赐教。

编　者

2015.7

# 目 录

# 第1章 随机事件与概率

## §1.1 随机事件与样本空间

概率论与数理统计是研究随机现象及其规律性的一门学科，由于随机现象的普遍性，使得概率论与数理统计具有极其广泛的应用．事件与概率是概率论中最基本的两个概念，本章将详细介绍这些概念．

### 一、随机现象

我们先来了解概率论与数理统计这门课程研究的对象。当我们观察自然界和人类社会中各种事物的变化规律时，会发现有两种不同的现象．其中一类现象，可以预言其结果，即在一定的条件下，只有一个结果发生的现象，这类现象称为**确定性现象**．例如，在标准大气压下，纯水加热到 100℃ 必然沸腾；太阳每天从东方升起；任何一种生物总要经历生长、发育、衰老直至死亡等各个阶段．另一类现象是不能预测其结果的，即在一定条件下，进行试验或观察，或发生这样的结果，或发生那样的结果，也就是发生的可能结果不止一个的现象，这类现象称为**随机现象**．随机现象随处可见，例如，抛一枚质地均匀的硬币，可能出现正面，也可能出现反面；金融领域中将来某时刻某证券交易所的指数或涨或跌；炮手用同一门炮向同一目标射击，各次的弹道点不尽相同等．其特点是结果的可能性有两个或两个以上．

**概率论与数理统计**就是研究随机现象及其规律性的一门学科．对于某些随机现象，虽然对个别试验或观察来说，无法预言其结果，但在相同的条件下重复进行大量的试验或观察时，就会呈现出某些规律性．例如，掷一枚质地均匀的硬币，当掷的次数相当多时，就会发现出现正面和反面的次数之比大约为 1∶1，这种规律称为**统计规律**．

概率论与数理统计由于它在研究方法上的鲜明特点，使其在自然科学、社会科学、工程技术、医药卫生等各个领域都有着广泛的应用．特别是近 20～30 年以来，概率论与数理统计的思想和方法在经济、管理、金融、保险等方法得到了大量深入的应用，使得这些领域的研究方法和研究范围得到了实质的进步和蓬勃的发展．因此，概率与数理统计已成为财经类专业重要的数学基础课，现代数学最活跃的分支之一．

### 二、随机试验与样本空间

对于随机现象我们关注的是它的结果．在一定的条件下，对自然现象和社会现象进行的试验或观察，称为**随机试验**，简称**试验**，通常用 $T$ 来表示．这里的试验是一个含义广泛的术语，包括做一科学试验，也包括进行一次测量，或一次抽样观测．

例如 $T_1$：掷一枚质地均匀的硬币，观察正反面出现的情况．

$T_2$：检查生产流水线的产品是否合格.

$T_3$：某种型号电视机的寿命.

上述试验具有以下共同的特点：

(1) 试验可以在相同的条件下重复进行；

(2) 试验的结果有多种可能性，但试验前能预知所有可能的结果；

(3) 试验之前不能确定将会出现可能结果中的哪一个.

随机试验的每一个可能的基本结果称为这个试验的**样本点**，记作 $\omega$；样本点全体组成的集合称为**样本空间**，记作 $\Omega$，则 $\Omega = \{\omega\}$. 用一切可能的基本结果组成的. 认识随机试验，首先要了解它的样本空间，这是研究随机现象的第一步.

**例 1.1.1** 给出下面随机试验的样本空间.

(1) 掷一枚质地均匀的硬币，基本结果有两个：正面朝上，反面朝上，即有两个样本点，因此样本空间为

$$\Omega_1 = \{正面，反面\}$$

(2) 掷一颗骰子的基本结果有 6 个："出现 1 点"，"出现 2 点"，…，"出现 6 点"，分别用 1，2，3，4，5，6 表示，即有 6 个样本点，因此该试验的样本空间为

$$\Omega_2 = \{1,2,3,4,5,6\}$$

(3) 观察某电话交换台单位时间内收到的电话呼叫次数，基本结果有 "0 次"，"1 次"，"2 次"，…，因此该试验的样本空间为

$$\Omega_3 = \{0,1,2,\cdots\}$$

(4) 某型号电视机的寿命的样本空间为

$$\Omega_4 = \{t \mid t \geqslant 0\}$$

其中 $t$ 表示电视机寿命.

(5) 观察一对双胞胎婴儿的性别，基本结果为（男孩，女孩），（女孩，男孩），（男孩，男孩），（女孩，女孩），因此该试验的样本空间为

$$\Omega_5 = \{（男孩，女孩），（女孩，男孩），（男孩，男孩），（女孩，女孩）\}$$

由上面的讨论可以看出：

(1) 样本空间中的元素可以是数也可以不是数；

(2) 从样本空间中样本点的个数来区分，样本空间可以分为有限和无限两类.

**有限样本空间**即样本点总数为有限多个，如 $\Omega_1$，$\Omega_2$，$\Omega_5$. **无限样本空间**即样本点总数为无穷多个，如 $\Omega_3$，$\Omega_4$. 无限样本空间又可分为**可列样本空间**（如 $\Omega_3$）和**不可列样本空间**（如 $\Omega_4$）. 我们往往把样本点个数为有限个或可列个的情况归为一类，称为**离散样本空间**，将样本点的个数为不可列无限个的情况归为另一类，称为**连续样本空间**.

## 三、随机事件

随机试验的结果称为该随机试验的**随机事件**，简称为**事件**，通常用大写字母 $A$，$B$，$C$，…表示. 例如，例 1.1.1(2) 中，"出现偶数点"是随机事件；例 1.1.1(4) 中，"电视机的寿命超过 1000h"也是随机事件.

一定条件下必然发生的事件称为必然事件，用 $\Omega$ 表示. 例如，例 1.1.1(2) 中，

"出现偶数点或奇数点",这一事件便是必然事件;一定条件下必然不发生的事件称为不可能事件,用 $\phi$ 表示. 例如,例 1.1.1(2) 中,"出现零点",这样的事件为不可能事件.

从随机事件的定义可以看出,随机事件是某些样本点组成的集合,是样本空间 $\Omega$ 的子集. 在概率论中,常用维恩图(图 1.1)表示样本空间、样本点和事件. 由一个样本点组成的集合称为**基本事件**;由全体样本点组成的事件,即样本空间的最大子集,称为**必然事件**,在每次试验中它总是发生的,用 $\Omega$ 表示;空集 $\phi$ 不包含任何样本点,它作为样本空间的最小子集,它在每一次试验中都不发生,称为**不可能事件**.

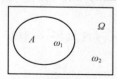

图 1.1

事件是样本点的集合,因此事件之间的关系及其运算与集合的关系及其运算相对应,下面的讨论总假设在同一个样本空间中进行.

## 四、事件的关系与运算

### 1. 事件的包含

如果事件 $A$ 发生必然导致事件 $B$ 发生,则称事件 $A$ 包含于事件 $B$,或称事件 $B$ 包含事件 $A$,记为 $A \subset B$ 或 $B \supset A$. 显然有下列性质

(1) $\phi \subset A \subset \Omega$;

(2) 若 $A \subset B,B \subset C$,则有 $A \subset C$.

例如,在例 1.1.1(2) 中,若记

$$A = \{1,3,5\}, \quad B = \{1,2,3,4,5\}, \quad 则 A \subset B$$

包含关系可用图 1.2 直观地说明.

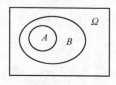

图 1.2

如果两个事件 $A$ 与 $B$ 满足:$A \subset B,B \subset A$,则称事件 $A$ 与 $B$ 相等,记为 $A = B$.

### 2. 事件的并(和)

两个事件 $A,B$ 至少有一个发生,即"$A$ 发生或 $B$ 发生",这样的事件,称为事件 $A,B$ 的并,记为 $A \bigcup B$ 或 $A + B$(图 1.3).

例 1.1.1(2) 中,若记 $A = \{1, 3, 5\}$,$B = \{1, 2, 3, 4, 5\}$,则 $A \bigcup B = \{1, 2, 3, 4, 5\}$.

类似地,称"$n$ 个事件 $A_1,\cdots,A_n$ 中至少有一个发生",这样的事件称为事件 $A_1,\cdots,A_n$ 的有限并,记作

$$A_1 \bigcup \cdots \bigcup A_n \quad 或 \quad \bigcup_{i=1}^{n} A_i$$

3

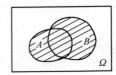

图 1.3

称"可列个事件 $A_1$，$\cdots$，$A_n$，$\cdots$至少有一个发生"的事件为可列个事件 $A_1$，$\cdots$，$A_n$，$\cdots$的可列并，记作

$$A_1 \bigcup \cdots \bigcup A_n \bigcup \cdots \quad 或 \quad \bigcup_{i=1}^{\infty} A_i$$

**3. 事件的交（积）**

"两个事件 $A$，$B$ 同时发生"，这样的事件称为事件 $A$ 与 $B$ 的交，记作 $A \bigcap B$ 或 $AB$（图 1.4）．

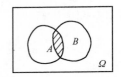

图 1.4

例如，在例 1.1.1(2) 中，若记 $A=\{1, 3, 5\}$，即"出现奇数点"，$B=\{1, 2\}$，即"出现的点数不超过 2"，则 $AB=\{1\}$，即"出现 1 点".

类似地，称"$n$ 个事件 $A_1$，$\cdots$，$A_n$ 中同时发生"，这样的事件称为事件 $A_1$，$\cdots$，$A_n$ 的交，记作

$$A_1 \bigcap \cdots \bigcap A_n \quad 或 \quad \bigcap_{i=1}^{n} A_i$$

称"可列个事件 $A_1$，$\cdots$，$A_n$，$\cdots$同时发生"的事件为可列个事件 $A_1$，$\cdots$，$A_n$，$\cdots$的交，记作

$$A_1 \bigcap \cdots \bigcap A_n \bigcap \cdots \quad 或 \quad \bigcap_{i=1}^{\infty} A_i$$

**4. 互不相容（互斥）事件**

若 $A$，$B$ 不同时发生，即 $AB = \phi$，则称 $A$，$B$ 为两个互不相容事件或互斥事件（图 1.5）．

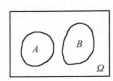

图 1.5

例如，在例 1.1.1(2) 中，若记 $A=\{1, 3, 5\}$，即"出现奇数点"，$B=\{2, 4\}$，即

"出现小于 5 的偶数点"，则 $AB=\phi$，$A$，$B$ 两个事件互不相容，即 $A$，$B$ 不可能同时发生.

**5. 对立（逆）事件**

对于任一事件 $A$，称 $B=\{A$ 不发生$\}$ 为 $A$ 的对立事件，即 $A\bigcup B=\Omega$，且 $AB=\phi$，又称 $A$，$B$ 为对立事件或互逆事件，记为 $B=\overline{A}$，$A=\overline{B}$（图 1.6）.

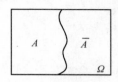

图 1.6

例如，在例 1.1.1(2) 中，若记

$$A=\{1，3，5\}，即 "出现奇数点"$$
$$B=\{2，4，6\}，即 "出现偶数点"$$

则 $A\bigcup B=\Omega$，且 $AB=\phi$.

由定义可知

$$\overline{\overline{A}}=A，\quad A\overline{A}=\phi，\quad A\bigcup\overline{A}=\Omega，\quad \overline{\Omega}=\phi，\quad \overline{\phi}=\Omega$$

**6. 事件的差**

事件 $A$ 发生但 $B$ 不发生，这样的事件称为事件 $A$ 与 $B$ 的差，记为 $A-B$（图 1.7）.

例如，在例 1.1.1(2) 中，若记 $A=\{1，3，5\}$，即 "出现奇数点"，$B=\{1，2，3，4\}$，即 "出现点数不超过 4"，则 $A-B=A\overline{B}=\{5\}$. 易知 $A-B=A\overline{B}=A-(AB)$，$\overline{A}=\Omega-A$.

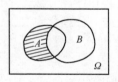

图 1.7

## 五、事件运算的运算律

(1) 交换律：$A\bigcup B=B\bigcup A$，$A\bigcap B=B\bigcap A$

(2) 结合律：$(A\bigcup B)\bigcup C=A\bigcup(B\bigcup C)$，$(A\bigcap B)\bigcap C=A\bigcap(B\bigcap C)$

(3) 分配律：$(A\bigcup B)\bigcap C=(A\bigcap C)\bigcup(B\bigcap C)$，$(A\bigcap B)\bigcup C=(A\bigcup C)\bigcap(B\bigcup C)$

(4) 德摩根（De-Morgan）公式：$\overline{A\bigcup B}=\overline{A}\bigcap\overline{B}$，$\overline{A\bigcap B}=\overline{A}\bigcup\overline{B}$

结合律、分配律和 De-Morgan 公式还可以推广至任意有限个事件或可列事件.

**例 1.1.2** 从一批产品中每次取出一件产品进行检验（每次取出的产品不放回），事件 $A_i$ 表示第 $i$ 次取到合格品（$i=1$，2，3），试表示下列事件：

(1) 三次全取到合格品；

(2) 第一次取到合格品，后两次未取到合格品；

(3) 三次中恰有一只合格品；

(4) 三次中至少有一只合格品；

(5) 三次中恰有两只合格品；

(6) 三次中至少有两只合格品；

(7) 三次中至多有一次取到合格品；

(8) 三次中不全取到合格品.

**解** 三次全取到合格品：$A_1A_2A_3$

第一次取到合格品，后两次未取到合格品：$A_1\overline{A_2}\,\overline{A_3}$ 或 $A_1-A_2-A_3$

三次中恰有一只合格品：$(A_1\overline{A_2}\,\overline{A_3})\bigcup(A_2\overline{A_1}\,\overline{A_3})\bigcup(A_3\overline{A_1}\,\overline{A_2})$

三次中至少有一只合格品：$A_1\bigcup A_2\bigcup A_3$

三次中恰有两只合格品：$(A_1A_2\overline{A_3})\bigcup(A_2A_3\overline{A_1})\bigcup(A_3A_1\overline{A_2})$

三次中至少有两只合格品：$(A_1A_2)\bigcup(A_2A_3)\bigcup(A_3A_1)$

或 $(A_1A_2\overline{A_3})\bigcup(A_2A_3\overline{A_1})\bigcup(A_3A_1\overline{A_2})\bigcup(A_1A_2A_3)$

三次中至多有一次取到合格品，即至少有两次取到不合格品：$\overline{A_1}\,\overline{A_2}\bigcup\overline{A_2}\,\overline{A_3}\bigcup\overline{A_3}\,\overline{A_1}$

三次中不全取到合格品，即至少有一只不合格品：$\overline{A_1}\bigcup\overline{A_2}\bigcup\overline{A_3}$ 或 $\overline{A_1A_2A_3}$

# §1.2 事件的概率

在实际问题中，仅了解了样本空间是不够的，常常还希望知道某些事件在一次试验中发生的可能性大小，即概率. 在概率论的发展历史上，人们针对不同类型的随机试验，从不同的角度给出了概率的定义和计算方法. 下面介绍概率论发展史上出现过的概率的统计定义，古典定义，几何定义，公理化定义.

## 一、概率的统计定义

**定义 1.2.1** 若事件 $A$ 在 $n$ 次相同的重复试验中发生 $n_A$ 次，称 $n_A$ 为事件 $A$ 在这 $n$ 次试验中出现的**频数**，称

$$f_n(A)=\frac{n_A}{n}$$

为事件 $A$ 在这 $n$ 次试验中出现的**频率**.

人们长期的实践表明，随着试验重复次数 $n$ 的增加，事件 $A$ 出现的频率会稳定在某一个常数 $p$ 附近摆动，这个值称为频率的稳定值，频率的稳定值反映了事件 $A$ 发生的可能性大小. 针对这一事实，我们把事件 $A$ 的频率的稳定值定义为事件 $A$ 的概率，这一定义称为概率的统计定义.

为了了解频率的稳定性，下面来看一个例子.

**例 1.2.1** 历史上，De-Morgan，Buffon，Feller 与 Pearson 等人曾进行大量抛掷硬币的试验，其结果如表 1.1 所示.

**表 1.1**

| 试验者 | 掷硬币的次数 $n$ | 正面出现的次数 $n_A$ | 正面出现的频率 |
|---|---|---|---|
| De-Morgan | 2048 | 1061 | 0.5181 |
| Buffon | 4040 | 2048 | 0.5069 |
| Feller | 10000 | 4979 | 0.4979 |
| Pearson | 12000 | 6019 | 0.5016 |
| Pearson | 24000 | 12012 | 0.5005 |

从表中的数据可以看出：出现正面的频率逐渐稳定在 0.5，用频率的方法，可以说出现正面的概率为 0.5.

概率的统计定义并未为概率的计算提供任何具体规则. 在很长时间内，对于具体的试验模型，如何确定相关事件的概率，一直是人们所关注的问题.

## 二、古典概型

如果随机试验满足：

(1) 样本空间中只有有限个样本点；

(2) 每个样本点发生的可能性相等。

则称上述试验为**古典概型**.

在古典概型中，如果样本空间中的样本点总数为 $n$，事件 $A$ 由 $k$ 个样本点组成，则事件 $A$ 发生的概率为

$$P(A) = \frac{k}{n} = \frac{\text{事件 } A \text{ 包含的样本点数}}{\text{样本点总数}}$$

此公式是古典概型概率的计算公式，在计算样本点个数时，会涉及两个基本计数原理（加法原理和乘法原理），排列数和组合数计算等知识. 在给出样本空间时，要注意样本点发生的等可能性.

**例 1. 2. 2** 掷两枚硬币，求出现一个正面一个反面的概率.

**解** 此试验的样本空间 $\Omega = \{(正，正), (反，反), (正，反), (反，正)\}$；

设事件 $A = \{$出现一个正面一个反面$\}$，则 $A = \{(正，反), (反，正)\}$，样本空间中的样本点数 $n = 4$，$A$ 中包含的样本点数 $k = 2$，故

$$P(A) = \frac{k}{n} = \frac{2}{4} = \frac{1}{2}$$

若把样本空间写成 $\Omega = \{(正，正), (反，反), (正，反)\}$，则每一个样本点的发生不是等可能的.

求样本点个数时，不必列出样本空间，可以利用排列或组合知识，计算出样本点个数即可.

**例 1. 2. 3** 设有批量为 100 的同型号的产品，其中次品为 30 件. 现按以下两种方式随机抽取 2 件产品：(a) 有放回抽取，即先任意抽取一件，观察后放回，再从中任取一件；(b) 不放回抽取，即先任意抽取一件，观察后不放回，再从剩下的产品中再任取一件. 试分别按这两种抽取方式求：

(1) 两件都是次品的概率；

(2) 第一件是次品，第二件是正品的概率.

**解** 设 $A = \{$两件都是次品$\}$，$B = \{$第一件是次品，第二件是正品$\}$.

先考虑有放回情形：样本点总数为 $n = C_{100}^1 C_{100}^1$，组成事件 $A$ 的样本点数为 $k = C_{30}^1 C_{30}^1$，组成事件 $B$ 的样本点数为 $k = C_{30}^1 C_{70}^1$，则

$$P(A) = \frac{k}{n} = \frac{C_{30}^1 C_{30}^1}{C_{100}^1 C_{100}^1} = 0.09$$

$$P(B) = \frac{k}{n} = \frac{C_{30}^1 C_{70}^1}{C_{100}^1 C_{100}^1} = 0.21$$

不放回情形：样本点总数为 $n = C_{100}^1 C_{99}^1$，组成事件 $A$ 的样本点数为 $k = C_{30}^1 C_{29}^1$，组成事件 $B$ 的样本点数为 $k = C_{30}^1 C_{70}^1$，则

$$P(A) = \frac{k}{n} = \frac{C_{30}^1 C_{29}^1}{C_{100}^1 C_{99}^1} \approx 0.088$$

$$P(B) = \frac{k}{n} = \frac{C_{30}^1 C_{70}^1}{C_{100}^1 C_{99}^1} \approx 0.21$$

**例 1.2.4** 一箱中有 10 件产品，其中 2 件次品，从中随机取 3 件，求

(1) 抽得的三件产品全是正品的概率；

(2) 抽得的三件产品中只有一件次品的概率；

(3) 抽得的三件产品全是次品的概率.

**解** 设 $A = \{$抽得的三件产品中全是正品$\}$，$B = \{$抽得的三件产品中有一件次品$\}$，$C = \{$抽得的三件产品中全是次品$\}$，则

$$P(A) = \frac{C_8^3}{C_{10}^3} = \frac{7}{15}$$

$$P(B) = \frac{C_2^1 C_8^2}{C_{10}^3} = \frac{7}{15}$$

$$P(C) = P(\phi) = 0$$

**例 1.2.5** 有 50 张考签分别标以 1，2，$\cdots$，50，则

(1) 任取一张进行考试，求抽到前 10 号考签的概率；

(2) 任取两张进行考试，求抽到两张均为前 10 号考签的概率；

(3) 无放回随机地取 10 张，求抽到的最后一张为双号的概率.

**解** (1) 设 $A = \{$任取一张，抽到前 10 号考签$\}$，则

$$P(A) = \frac{10}{50} = 0.2$$

(2) 设 $B = \{$任取两张，抽到两张都是前 10 号考签$\}$，则

$$P(B) = \frac{C_{10}^2}{C_{50}^2} = 0.037$$

(3) 设 $C = \{$无放回随机抽取 10 张，抽到的最后一张为双号$\}$，则

$$P(C) = \frac{C_{25}^1 A_{49}^9}{A_{50}^{10}} = \frac{1}{2}$$

比较以上三个例题，在利用古典概型求概率时，要注意抽取的方式的不同，分清是利用乘法原理还是加法原理，是组合数还是排列数，进而计算出样本点数.

**例 1.2.6**　（盒子模型）设有 $n$ 个球，每个球都等可能地被放在 $N$ 个不同的盒子中的任意一个，每个盒子所放球数不限，试求

(1) 指定的 $n(n \leqslant N)$ 个盒子中各有一球的概率；

(2) 恰好有 $n(n \leqslant N)$ 个盒子各有一球的概率.

**解**　设 $A = \{$指定的 $n(n \leqslant N)$ 个盒子中各有一球$\}$，$B = \{$恰好有 $n(n \leqslant N)$ 个盒子各有一个球$\}$，因为每个球都有可能放到 $N$ 个盒子中的任一个，所以 $n$ 个球放的方式共有 $N^n$ 种，它们是等可能的.

在（1）中第一个球有 $n$ 种放法，第二球有 $n-1$ 种放法，$\cdots$，第 $n$ 个球有 1 种放法，根据乘法原理，其可能总数为 $A_n^n$，故概率

$$P(A) = \frac{A_n^n}{N^n}$$

(2) 与（1）差别在于：此处的 $n$ 个盒子可以在 $N$ 个盒子中任意选取，此时可以分两步做：第一步从 $N$ 个盒子中任取 $n$ 个盒子，共有 $C_N^n$ 种取法；第二步将 $n$ 个球放入选中的 $n$ 个盒子中，每个盒子各放 1 个球，共有 $A_n^n$ 种放法，由乘法原理得到共有 $C_N^n A_n^n$ 种放法，故概率

$$P(B) = \frac{C_N^n A_n^n}{N^n} = \frac{N!}{N^n (N-n)!}$$

此题也可以不分两步取球，具体的取法留给读者思考. 盒子模型讨论的是球和盒子问题，实际上此模型可以应用到很多实际问题中，例如把球看作人，把盒子看作房间，则是房间分配问题；把球看作信封，把盒子看作邮箱，则是投信问题.

古典概型必须假定样本点为有限个，这限制了它的适用范围. 在实际应用中，经常遇到样本空间中样本点有无穷多个且发生具有等可能性的情况，称这种试验模型为几何概型.

### 三、几何概型

设某个平面区域为 $\Omega$，试验的结果可用位于 $\Omega$ 内的某个随机点 $\omega$ 的位置表示，假定随机点 $\omega$ 落在 $\Omega$ 中任意一个位置是等可能的，用事件 $A$ 表示随机点落在 $\Omega$ 的一个子区域 $S_A$ 内，则有

$$P(A) = \frac{|S_A|}{|\Omega|}$$

其中，当 $S_A$ 为直线上区间时，$|S_A|$ 即为区间的长度；当 $S_A$ 为平面区域时，$|S_A|$ 即为该平面区域的面积；当 $S_A$ 为空间区域时，$|S_A|$ 即为该空间区域的体积，$|\Omega|$ 的意义相同.

**例 1.2.7**　（约会问题）如图 1.8 所示，两人相约在 $7:00-8:00$ 的任一时刻在某地见面，先到的一人等待另一人 20min，过时先到者即可离去，试求两人能会面的概率.

**解**　设 $A = \{$两人能会面$\}$，以 $x, y$ 分别记两人到达的时刻，则两人能见到面的充分必要条件为

$$|x-y| \leqslant 20$$

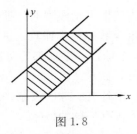

图 1.8

这是一个几何概率问题，$|\Omega|$ 为边长为 60 的正方形面积，能会面的点在区域中阴影部分，所以 $|S_A|$ 即为阴影部分面积. 因此所求概率为

$$P(A) = \frac{|S_A|}{|\Omega|} = \frac{60^2 - 40^2}{60^2} = \frac{5}{9}$$

# §1.3 概率的公理化定义及其性质

## 一、概率的公理化定义

概率的统计定义虽然简单直观，但不够全面，有一定的局限性. 古典概型和几何概型的计算公式虽然解决了这两种概型的事件概率的确定问题，但并不普遍适用. 那么如何给出适合一切随机现象的概率的最一般的定义呢？直到 20 世纪，前苏联数学家柯尔莫哥洛夫（Kolmogorov）于 1933 年首次提出了概率的公理化定义. 这个定义既概括了历史上几种概率定义的共同特性，又避免了各自的局限性和含混之处，不管什么随机现象，只有满足该定义中的三条公理，才能说它是概率. 这一公理化定义获得举世公认，是概率论发展史上的一个里程碑，有了这个公理化定义，概率论得到了蓬勃发展.

**定义 1.3.1** 设试验的样本空间为 $\Omega$，对于试验的每一个事件 $A$，有且仅有一确定的实数 $P(A)$ 与之对应，且满足如下公理：

(1)（非负性）$0 \leqslant P(A) \leqslant 1$

(2)（规范性）$P(\Omega) = 1$

(3)（可列可加性）若 $A_1$，$A_2$，$\cdots$，$A_n$，$\cdots$为互不相容事件，即 $A_i A_j = \phi$（$i \neq j$），则

$$P(\bigcup_{i=1}^{\infty} A_i) = P(A_1) + P(A_2) + \cdots = \sum_{i=1}^{\infty} P(A_i)$$

称 $P(A)$ 为事件 $A$ 的**概率**.

概率的公理化定义刻画了概率的本质，即概率是事件的函数，自变量为事件，定义域是 $\Omega$ 中可以构成事件的子集的集合，值域为 $[0, 1]$.

## 二、概率的性质

从概率的公理化定义出发可以直接推出概率的性质：

**性质 1** $P(\phi) = 0$，即不可能事件的概率为 0.

**证明** 因为 $\Omega = \Omega \bigcup \phi \bigcup \cdots \bigcup \phi \bigcup \cdots$，且不可能事件与任何事件是互不相容的，故

由可列可加性公理得
$$P(\Omega) = P(\Omega) + P(\phi) + \cdots + P(\phi) + \cdots，而 P(\Omega) = 1$$
故由上式知 $P(\phi) = 0$.

**性质 2（有限可加性）** $A_1，A_2，\cdots，A_n$ 为两两互不相容事件，即 $A_i A_j = \phi(i \neq j)$，则

$$P(\bigcup_{i=1}^{n} A_i) = \sum_{i=1}^{n} P(A_i)$$

**证明** 令 $A_{n+1} = A_{n+2} = \cdots = \phi$，显然有 $A_1，\cdots，A_n，A_{n+1}，A_{n+2}，\cdots$ 为两两互不相容事件，由可列可加性公理得

$$P(\bigcup_{i=1}^{n} A_i) = P(\bigcup_{i=1}^{\infty} A_i) = \sum_{i=1}^{\infty} P(A_i) = \sum_{i=1}^{n} P(A_i)$$

**性质 3（对立事件概率）** 对于任一事件 $A$ 有
$$P(\overline{A}) = 1 - P(A)$$

**证明** 由于 $\overline{A} \cup A = \Omega$，且 $\overline{A}A = \phi$，则由有限可加性得
$$1 = P(\Omega) = P(\overline{A} \cup A) = P(\overline{A}) + P(A)，即 P(\overline{A}) = 1 - P(A)$$

**性质 4** $A，B$ 为两个事件，且 $B \subset A$，则
$$P(A - B) = P(A) - P(B)$$

**证明** 由 $B \subset A$ 知
$$A = B \cup (A - B)，且 B \bigcap (A - B) = \phi$$
由有限可加性得
$$P(A) = P(B) + P(A - B)，即 P(A - B) = P(A) - P(B)$$

**推论（单调性）** $A，B$ 为两个事件，若 $B \subset A$，则
$$P(B) \leqslant P(A)$$
由性质 4 易知，此结论反之不成立.

**性质 5** 对于任意两个事件 $A，B$，有
$$P(A - B) = P(A) - P(AB)$$

**证明** 因为 $A - B = A - AB$，且 $AB \subset A$，故由性质 4 得
$$P(A - B) = P(A - AB) = P(A) - P(AB)$$

**性质 6（加法公式）** $P(A \cup B) = P(A) + P(B) - P(AB)$

**证明** 由于 $A \cup B = A \cup [B - (AB)]$，且 $A[B - (AB)] = \phi$，故
$$P(A \cup B) = P(A) + P(B - AB)$$

而 $AB \subset B$，所以由性质 4 有
$$P(B - AB) = P(B) - P(AB)$$
所以
$$P(A \cup B) = P(A) + P(B) - P(AB)$$

**推论 1**
$$P(A \cup B \cup C) = P(A) + P(B) + P(C) - P(AB) - P(BC) - P(AC) + P(ABC)$$

$$P(\bigcup_{i=1}^{n} A_i) = \sum_{i=1}^{n} P(A_i) - \sum_{1 \leqslant i < j \leqslant n} P(A_i A_j) + \sum_{1 \leqslant i < j < k \leqslant n} P(A_i A_j A_k)$$
$$+ \cdots + (-1)^{n-1} P(A_1 A_2 \cdots A_n)$$

**推论 2** 对于任意两个事件 $A$，$B$，有
$$P(A \bigcup B) \leqslant P(A) + P(B)$$

在此不再证明.

**例 1.3.1** 已知 $P(A) = 0.4$，$P(B) = 0.3$，$P(A \bigcup B) = 0.6$，求 $P(A\overline{B})$.

**解** 由加法公式 $P(A \bigcup B) = P(A) + P(B) - P(AB)$，得
$$P(AB) = P(A) + P(B) - P(A \bigcup B)$$

所以 $P(AB) = 0.4 + 0.3 - 0.6 = 0.1$，故
$$P(A\overline{B}) = P(A - B) = P(A) - P(AB) = 0.4 - 0.1 = 0.3$$

**例 1.3.2** $P(A) = \dfrac{1}{4}$，$P(B) = \dfrac{1}{2}$，就下列三种情况 (1) $A$ 与 $B$ 互不相容；(2) $A \subset B$；
(3) $P(AB) = \dfrac{1}{8}$，求 $P(B - A)$.

**解** (1) 由于 $A$ 与 $B$ 不相容，即 $AB = \phi$
$$P(B - A) = P(B) - P(AB) = P(B) = \frac{1}{2}$$

(2) $A \subset B$，则由性质 4 有
$$P(B - A) = P(B) - P(A) = \frac{1}{2} - \frac{1}{4} = \frac{1}{4}$$

(3) $B - A = B\overline{A} = B - (AB)$，$AB \subset B$，则由性质 4 有
$$P(B - A) = P(B) - P(AB) = \frac{1}{2} - \frac{1}{8} = \frac{3}{8}$$

**例 1.3.3** （生日问题）设一个班级有 $n$ 同学，一年有 365 天（$n \leqslant 365$），求下述事件的概率：$A = \{n \text{ 个人没有 2 人生日相同}\}$，$B = \{n \text{ 个人至少有 2 人生日在同一天}\}$.

**解** 分析可知 $B = \overline{A}$，利用例 1.2.6 的结果
$$P(A) = \frac{C_{365}^{n} A_n^n}{365^n} = \frac{365(365 - 1) \cdots (365 - n + 1)}{365^n}$$

再利用性质 3
$$P(B) = P(\overline{A}) = 1 - P(A) = 1 - \frac{C_{365}^{n} A_n^n}{365^n} = 1 - \frac{365(365 - 1) \cdots (365 - n + 1)}{365^n}$$

计算 $P(B)$ 发现，当 $n = 30$ 时，$P(B) = 0.6963$；当 $n = 50$ 时，$P(B) = 0.9651$. 这一结果出乎人们意料，所以我们的直觉有时并不可靠.

# §1.4 条件概率

## 一、条件概率

在实际问题中，除了要考虑 $A$ 发生的概率 $P(A)$，还要考虑在"已知事件 $B$ 发生"

的条件下，事件 $A$ 发生的概率. 一般地，设 $A$，$B$ 两个事件，$P(B) > 0$，称已知 $B$ 发生条件下 $A$ 发生的概率为 $A$ 的条件概率，记为 $P(A \mid B)$.

**例 1.4.1** 全年级有 100 名学生，有男生（用 $A$ 表示）80 人，女生 20 人；来自北京（用 $B$ 表示）有 20 人，其中男生 12 人，女生 8 人，求 $P(A)$、$P(B)$、$P(AB)$、$P(A \mid B)$.

**解** 据古典概型计算概率公式得

$$P(A) = \frac{80}{100} = 0.8$$

$$P(B) = \frac{20}{100} = 0.2$$

$$P(AB) = \frac{12}{100} = 0.12$$

$$P(A \mid B) = \frac{12}{20} = 0.6$$

显然 $P(A) \neq P(A \mid B)$，后一概率是在事件 $B$ 发生的条件下事件 $A$ 发生的条件概率，在此例中事件 $A$ 发生的概率产生了影响，因而这两个概率不相等. 进一步计算可得

$$P(A \mid B) = \frac{12}{20} = \frac{12/100}{20/100} = \frac{P(AB)}{P(B)}$$

这一关系具有普遍性，由此可以给出条件概率的一般定义.

**定义 1.4.1** 设 $A$，$B$ 为样本空间 $\Omega$ 中的两事件，若 $P(B) > 0$，则称

$$P(A \mid B) = \frac{P(AB)}{P(B)}$$

为在事件 $B$ 发生条件下 $A$ 的条件概率. 这一公式可以作为条件概率的定义，也可以作为计算条件概率公式. 类似的，若 $P(A) > 0$，则事件 $A$ 发生条件下 $B$ 的条件概率可定义为

$$P(B \mid A) = \frac{P(AB)}{P(A)}$$

由例 1.4.1 看出，$P(AB)$ 是在整个含有 $n$ 个样本点的样本空间 $\Omega$ 中考虑的；条件概率 $P(A \mid B)$ 是在已知 $B$ 发生的信息下，$A$ 发生的概率，样本空间缩小了.

以下给出条件概率的三个非常有用的公式：乘法公式、全概率公式和贝叶斯公式，这些公式可以帮助我们计算一些复杂事件的概率.

## 二、乘法公式

由条件概率的定义，可以推出如下乘法公式

**乘法公式**
$$P(AB) = P(B)P(A \mid B) \quad (P(B) > 0)$$
$$P(AB) = P(A)P(B \mid A) \quad (P(A) > 0)$$

上述公式可以推广到有限个事件情形.

若 $P(A_1 A_2 \cdots A_n) > 0$，则

$$P(A_1 A_2 \cdots A_n) = P(A_1)P(A_2 \mid A_1)P(A_3 \mid A_1 A_2) \cdots P(A_n \mid A_1 A_2 \cdots A_{n-1})$$

**例 1.4.2** 一批产品共 10 件，其中 3 件为次品，每次从中任取一件不放回，问第三次才取到正品的概率等于多少？

**解** 设 $A_i = \{$第 $i$ 次取得次品$\}$, $i = 1, 2, 3$

则

$$P(A_1) = \frac{3}{10}, \quad P(A_2 \mid A_1) = \frac{2}{9}, \quad P(\overline{A}_3 \mid A_1 A_2) = \frac{7}{8}$$

根据乘法公式有

$$P(A_1 A_2 \overline{A}_3) = P(A_1) P(A_2 \mid A_1) P(\overline{A}_3 \mid A_1 A_2) = 0.0583$$

### 三、全概率公式

全概率公式是概率论中的一个重要的公式，它解决的基本问题是由已知简单事件的概率，推出未知复杂事件的概率。其基本思想是将复杂事件化为互不相容事件的并，再利用概率的有限可加性求概率。

**全概率公式** 设 $A_1$，$A_2$，$\cdots$，$A_n$ 是样本空间 $\Omega$ 的一个分割，即 $A_1$，$A_2$，$\cdots$，$A_n$ 互不相容，且 $\bigcup\limits_{i=1}^{n} A_i = \Omega$，如果 $P(A_i) > 0$，$i = 1, 2, \cdots, n$，则对于任一事件 $B$ 有

$$P(B) = \sum_{i=1}^{n} P(B \mid A_i) P(A_i)$$

上述公式称为**全概率公式**。

**证明** 由已知条件有 $B = B \bigcap \Omega = B \bigcap (\bigcup\limits_{i=1}^{n} A_i) = (BA_1) \bigcup (BA_2) \bigcup \cdots \bigcup (BA_n)$ 由于 $A_i A_j = \phi \ (i \neq j)$，所以 $(BA_i)(BA_j) = \phi \ (i \neq j)$，即 $BA_1$，$BA_2$，$\cdots$，$BA_n$ 两两互不相容，根据概率的有限可加性和乘法公式得

$$P(B) = P(BA_1) + P(BA_2) + \cdots + P(BA_n)$$

$$= \sum_{i=1}^{n} P(BA_i)$$

$$= \sum_{i=1}^{n} P(A_i) P(B \mid A_i)$$

需要指出的是，条件 $A_1$，$A_2$，$\cdots$，$A_n$ 为样本空间的一个分割，可以改成 $A_1$，$A_2$，$\cdots$，$A_n$ 互不相容，且 $B \subset \bigcup\limits_{i=1}^{n} A_i$，此公式仍成立。

如果把事件 $B$ 视为"结果"，把诸事件 $A_1$，$A_2$，$\cdots$，$A_n$ 看成导致这一结果的可能"原因"，概率 $P(B \mid A_i)$ 为原因 $A_i$ 导致结果 $B$ 发生的概率，概率 $P(A_i)$ 为原因 $A_i$ 发生的概率。这样我们可形象地把全概率公式看成为由"原因"推"结果"发生的概率。

**例 1.4.3** 设某工厂有两个车间生产同型号家用电器，第一车间的次品率为 0.15，第二车间的次品率为 0.12，两个车间生产的成品都混合堆在一个仓库中，假设第一、二车间生产的成品比例为 2：3，今有一客户从成品仓库中随机提一台产品，求该产品合格的概率。

**解** 设 $B = \{$从成品仓库中随机提一台产品是合格品$\}$，$A_i = \{$提出的一台是第 $i$ 个车间生产的$\}$，$i = 1$, 2，由题设知 $P(A_1) = \frac{2}{5}$，$P(A_2) = \frac{3}{5}$，$P(B \mid A_1) = 0.85$，

$P(B \mid A_2) = 0.88$

由全概率公式得

$$P(B) = \sum_{i=1}^{2} P(B \mid A_i)P(A_i) = \frac{2}{5} \times 0.85 + \frac{3}{5} \times 0.88 = 0.868$$

**例 1.4.4**　设有两只口袋，甲口袋中有 3 只黑球，2 只白球，乙口袋中有 2 只黑球，4 只白球，从甲袋中任取一球放入乙袋中，再从乙袋中取出一球，求从乙袋中取出一球为白球的概率.

**解**　设 $B = \{$从乙袋中取出一球为白球$\}$，$A_0 = \{$甲袋中取一个黑球放入乙袋$\}$，$A_1 = \{$甲袋中取出一个白球放入乙袋$\}$，则 $P(A_0) = \dfrac{3}{5}$，$P(A_1) = \dfrac{2}{5}$，$P(B \mid A_0) = \dfrac{4}{7}$，$P(B \mid A_1) = \dfrac{5}{7}$，由全概率公式有

$$P(B) = \sum_{i=0}^{1} P(B \mid A_i)P(A_i) = \frac{3}{5} \times \frac{4}{7} + \frac{2}{5} \times \frac{5}{7} = \frac{22}{35}$$

## 四、贝叶斯公式

上面提到全概率公式是由"原因"推断"结果"的概率计算公式. 在实际应用中，这只是问题的一个方面，另一方面常会考虑如何从结果推断原因，将事件 $B$ 视为"结果"，事件 $A_1$，$A_2$，$\cdots$，$A_n$ 视为导致结果 $B$ 发生的"原因". 有时我们想知道结果 $B$ 发生到底主要由什么原因所引起，即需求 $P(A_i \mid B)$.

由条件概率公式可得

$$P(A_i \mid B) = \frac{P(A_i B)}{P(B)}$$

利用乘法公式与全概率公式可得

$$P(A_i \mid B) = \frac{P(A_i B)}{P(B)} = \frac{P(B \mid A_i)P(A_i)}{\sum\limits_{j=1}^{n} P(B \mid A_j)P(A_j)}$$

此结论即贝叶斯公式.

**贝叶斯公式**　设事件 $A_1, A_2, \cdots, A_n$ 互不相容，且 $\bigcup\limits_{i=1}^{n} A_i = \Omega$，若 $P(B) > 0$，且 $P(A_i) > 0$，$i = 1, 2, \cdots, n$，则有

$$P(A_i \mid B) = \frac{P(A_i B)}{P(B)} = \frac{P(B \mid A_i)P(A_i)}{\sum\limits_{j=1}^{n} P(B \mid A_j)P(A_j)}$$

上述公式称为**贝叶斯（Bayes）公式**.

**例 1.4.5**　某商店从三个厂购买了一批灯泡，甲厂占 25%，乙厂占 35%，丙厂占 40%，各厂的次品率分别为 5%、4%、2%，求

(1) 消费者买到一只次品灯泡的概率；

(2) 若消费者买到一只次品灯泡，问它是哪个厂家生产的可能性最大.

**解**　以 $B$ 表示消费者买到一只次品灯泡，$A_1$、$A_2$、$A_3$ 分别表示买到的灯泡是甲、乙、

丙厂生产的灯泡，根据题意得

$$P(A_1) = 25\%, P(A_2) = 35\%, P(A_3) \doteq 40\%$$
$$P(B \mid A_1) = 5\%, P(B \mid A_2) = 4\%, P(A_3) = 2\%$$

(1) $P(B) = \sum_{i=1}^{3} P(B \mid A_i) P(A_i) = 0.0345$

(2) $P(A_1 \mid B) = \dfrac{P(A_1B)}{P(B)} = \dfrac{P(B \mid A_1)P(A_1)}{\sum\limits_{i=1}^{3} P(B \mid A_i)P(A_i)} = 0.3623$

$P(A_2 \mid B) = \dfrac{P(A_2B)}{P(B)} = \dfrac{P(B \mid A_2)P(A_2)}{\sum\limits_{i=1}^{3} P(B \mid A_i)P(A_i)} = 0.4058$

$P(A_3 \mid B) = \dfrac{P(A_3B)}{P(B)} = \dfrac{P(B \mid A_3)P(A_3)}{\sum\limits_{i=1}^{3} P(B \mid A_i)P(A_i)} = 0.2319$

比较结果发现是乙厂产品的可能性最大.

**例 1.4.6** 玻璃杯成箱出售，每箱 20 只，假设每箱含 0、1、2 只残次品的概率分别为 0.8、0.1、0.1. 一顾客欲购买一箱玻璃杯，购买时售货员随意取一箱，顾客开箱随机查看 4 只，若无残次品，则买下该箱玻璃杯，否则退回. 求

(1) 顾客买下这箱玻璃杯的概率；

(2) 在顾客买下的这箱玻璃杯中确实没有残次品的概率.

**解** 设 $B = \{$顾客买下所查看的那箱玻璃杯$\}$，$A_i = \{$箱中有 $i$ 只残次品$\}$，$i = 0，1，2$；则

$$P(A_0) = 0.8, \quad P(A_1) = 0.1, \quad P(A_2) = 0.1$$

$$P(B \mid A_0) = 1, \quad P(B \mid A_1) = \frac{C_{19}^4}{C_{20}^4} = \frac{4}{5}, \quad P(B \mid A_2) = \frac{C_{18}^4}{C_{20}^4} = \frac{12}{19}$$

由全概率公式得

$$P(B) = \sum_{i=0}^{2} P(A_i) P(B \mid A_i) = 0.8 \times 1 + 0.1 \times \frac{4}{5} + 0.1 \times \frac{12}{19} \approx 0.94$$

由贝叶斯公式得

$$P(A_0 \mid B) = \frac{P(A_0)P(B \mid A_0)}{\sum\limits_{i=0}^{2} P(A_i) P(B \mid A_i)} \approx 0.85$$

由条件概率推导的三个公式中，乘法公式是求交事件的概率，全概率公式是求复杂事件的概率，而贝叶斯公式是求一个条件概率.

# §1.5　事件的独立性

独立性是概率论中又一个重要概念，利用独立性可以简化概率的计算. 本节先讨论两个事件的独立性，然后讨论多个事件间的独立性.

一般来说 $P(B \mid A) \neq P(B)$，即 $A$ 发生与否对 $B$ 发生的概率是有影响的，但例外的

情形也不在少数，先看下面的例子.

**例 1.5.1**　一口袋中有 5 只球：3 只红球、2 只白球，有放回地抽取两次，每次取一个，用 $A=\{$第一次取得红球$\}$，$B=\{$第二次取到红球$\}$，求 $P(B\mid A)$、$P(B)$.

**解**　$P(B\mid A)=P(B)=\dfrac{3}{5}$

事实上还可以算出 $P(B\mid A)=P(B\mid\overline{A})=P(B)$，这说明不论 $A$ 发生还是不发生，都对 $B$ 发生的概率没有影响. 此时认为 $A$ 与 $B$ 之间没有关系，或者说 $A$ 与 $B$ 相互独立. 由此可以得到定义.

**定义 1.5.1**　对于事件 $A$，$B$，若
$$P(AB)=P(A)P(B)$$
则称事件 $A$ 与 $B$ 相互独立，简称事件 $A$，$B$ 独立.

根据独立的定义，不难得到如下性质.

**性质 1**　$A$ 与 $B$ 相互独立 $\Leftrightarrow\overline{A}$ 与 $B$ 相互独立 $\Leftrightarrow A$ 与 $\overline{B}$ 相互独立 $\Leftrightarrow\overline{A}$ 与 $\overline{B}$ 相互独立.

下面证明第一个等价关系 $A$ 与 $B$ 相互独立 $\Leftrightarrow\overline{A}$ 与 $B$ 相互独立，其余类似可证.

**证明**　由于 $A$ 与 $B$ 相互独立，故有
$$P(AB)=P(A)P(B)$$
要证 $\overline{A}$ 与 $B$ 相互独立，即证
$$\begin{aligned}P(\overline{A}B)&=P(B)-P(AB)=P(B)-P(A)P(B)\\&=[1-P(A)]P(B)=P(\overline{A})P(B)\end{aligned}$$

因而 $\overline{A}$ 与 $B$ 相互独立. 以上过程反之也成立，故 $A$ 与 $B$ 相互独立 $\Leftrightarrow\overline{A}$ 与 $B$ 相互独立.

在实际应用中，只有两个事件的独立性是不够的，还需用到多个事件的独立性.

**定义 1.5.2**　设 $A$，$B$，$C$ 为三个事件，如果下列四个等式成立：
$$P(AB)=P(A)P(B)$$
$$P(BC)=P(B)P(C)$$
$$P(AC)=P(A)P(C)$$
$$P(ABC)=P(A)P(B)P(C)$$
则称事件 $A$，$B$，$C$ 相互独立.

上述定义中若 $A$，$B$，$C$ 仅满足前三个式子，则称 $A$，$B$，$C$ 两两独立. 此时，第四个式子不必成立. 因此多于两个事件相互独立包含了两两独立，反之不然. 下面的例子将说明这一点.

**例 1.5.2**　一个均匀的正四面体，其第一面染有红色，第二面染有白色，第三面染有黑色，第四面染有红、白、黑三种颜色，以 $A$、$B$、$C$ 分别表示投一次四面体向下一面出现红、白、黑三种颜色的事件，讨论 $A$、$B$、$C$ 三个事件的独立性.

**解**　显然 $P(A)=P(B)=P(C)=\dfrac{1}{2}$，$P(AB)=P(BC)=P(AC)=\dfrac{1}{4}$，$P(ABC)=\dfrac{1}{4}$，可以看出
$$P(AB)=P(A)P(B),\ P(BC)=P(B)P(C),\ P(AC)=P(A)P(C),$$
$$但\ P(ABC)\neq P(A)P(B)P(C)$$

所以 $A$，$B$，$C$ 两两独立，但 $A$，$B$，$C$ 不相互独立.

在实际问题中，常常不是根据定义来判断事件间的独立性，而是从实际背景中判断独立性. 如果事件间相互不受影响，可以视为是独立的，这样事件的概率的计算就会简便很多.

**例 1.5.3** 甲、乙两个射手独立地射击同一个目标，他们击中目标的概率分别是 0.9 和 0.8，求在一次射击中（每人各射击一次）目标被击中的概率.

**解** 设 $A=\{$甲射中目标$\}$，$B=\{$乙射中目标$\}$，则 $A$、$B$ 相互独立，在一次射击中（每人各射击一次）目标被击中的概率为

$$P(A \bigcup B) = P(A) + P(B) - P(AB) = P(A) + P(B) - P(A)P(B)$$
$$= 0.9 + 0.8 - 0.9 \times 0.8 = 0.98$$

或

$$P(A \bigcup B) = 1 - P(\overline{A \bigcup B}) = 1 - P(\overline{A}\,\overline{B})$$

由 $A$，$B$ 相互独立，可知 $\overline{A}$ 与 $\overline{B}$ 相互独立，所以

$$P(A \bigcup B) = 1 - P(\overline{A \bigcup B}) = 1 - P(\overline{A}\,\overline{B}) = 1 - P(\overline{A})P(\overline{B})$$
$$= 1 - (1 - 0.9) \times (1 - 0.8) = 0.98$$

我们可以定义三个以上事件的相互独立性.

**定义 1.5.3** 设有 $n$ 个事件 $A_1$，$A_2$，$\cdots$，$A_n$，如果对于任意 $1 \leqslant i < j < k < \cdots \leqslant n$，下列等式均成立

$$\begin{cases} P(A_iA_j) = P(A_i)P(A_j) \\ P(A_iA_jA_k) = P(A_i)P(A_j)P(A_k) \\ \vdots \\ P(A_1A_2\cdots A_n) = P(A_1)P(A_2)\cdots P(A_n) \end{cases}$$

则称 $n$ 个事件 $A_1$，$A_2$，$\cdots$，$A_n$ 相互独立.

**性质 2** 若 $A_1$，$A_2$，$\cdots$，$A_n$ 相互独立，则 $A_1$，$A_2$，$\cdots$，$A_n$ 中至少有一个发生的概率

$$P(\bigcup_{i=1}^{n} A_i) = 1 - P(\overline{A}_1)P(\overline{A}_2)\cdots P(\overline{A}_n) = 1 - \prod_{i=1}^{n} P(\overline{A}_i)$$

此性质在此不再证明.

**例 1.5.4** 甲、乙、丙三人向同一飞机进行射击，击中飞机的概率分别为 0.4、0.5、0.7. 如果一人击中飞机，飞机被击落的概率为 0.2；两人击中飞机，飞机被击落的概率为 0.6；三人击中飞机，飞机必被击落. 求飞机被击落的概率.

**解** 设 $B=\{$飞机被击落$\}$，$A_i = \{$三人中有 $i$ 个击中飞机$\}$，$i = 0,1,2,3$，则根据题意有

$$P(A_0) = (1 - 0.4) \times (1 - 0.5) \times (1 - 0.7) = 0.09$$

$$P(A_1) = 0.4 \times (1 - 0.5) \times (1 - 0.7) + 0.5 \times (1 - 0.4) \times (1 - 0.7) + 0.7 \times (1 - 0.4) \times (1 - 0.5) = 0.36$$

$$P(A_2) = 0.4 \times 0.5 \times (1 - 0.7) + 0.5 \times 0.7 \times (1 - 0.4) + 0.4 \times 0.7 \times (1 - 0.5) = 0.41$$

$P(A_3) = 0.4 \times 0.5 \times 0.7 = 0.14$

$P(B \mid A_0) = 0$，$P(B \mid A_1) = 0.2$，$P(B \mid A_2) = 0.6$，$P(B \mid A_3) = 1$，根据全概率公式有

$$P(B) = \sum_{i=0}^{3} P(B \mid A_i) P(A_i) = 0.458$$

**例 1.5.5**　（**保险赔付**）设有 $n$ 个人向保险公司购买人身意外险（保险期为 1 年），假定投保人在一年内发生意外的概率为 $0.01$，求

(1) 该保险公司赔付的概率；

(2) 多大的 $n$ 使得以上的赔付概率超过 $50\%$？

**解**　(1) 设 $A_i =$ {第 $i$ 个投保人出现意外}（$i = 1, 2, \cdots, n$），$A =$ {保险公司赔付}，则 $A_1, A_2, \cdots, A_n$ 相互独立，且 $A = \bigcup\limits_{i=1}^{n} A_i$，因此

$$P(A) = 1 - P(\overline{A}) = 1 - P(\overline{\bigcup_{i=1}^{n} A_i}) = 1 - \prod_{i=1}^{n} P(\overline{A_i}) = 1 - 0.99^n$$

(2) 注意到

$$P(A) \geqslant 50\% \Rightarrow 0.99^n \leqslant 0.5 \Rightarrow n \geqslant 68.9676$$

即如果不少于 69 个人投保，则保险公司赔付的概率大于 $50\%$.

本例表明，虽然概率为 $0.01$ 的事件是小概率事件，但若重复做 $n$ 次试验，只要 $n \geqslant 69$，该小概率事件至少发生一次的概率要超过 $0.5$，因此决不能忽视小概率事件.

**例 1.5.6**　对于一个元件，它能正常工作的概率 $r$ 称为它的可靠性，元件组成系统，系统正常工作的概率称为该系统的可靠性. 有 $2n$ 个元件，每个元件可靠性为 $r$，且各元件独立工作，系统如图 1.9 所示，求整个系统不发生故障的概率，即这个系统的可靠性.

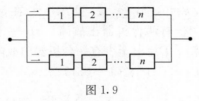

图 1.9

**解**　以 $A_1$ 表示第一条线路上不发生故障，$A_2$ 表示第二条线路上不发生故障，$A$ 表示整个系统不发生故障，则显然有 $A = A_1 \bigcup A_2$，由独立性得 $P(A_i) = r^n$，（$i = 1, 2$），所以此系统的可靠性为

$$P(A) = P(A_1) + P(A_2) - P(A_1 A_2) = r^n + r^n - r^{2n} = 2 r^n - r^{2n}$$

# §1.6　贝努里（Bernoulli）试验和二项概率

贝努里试验模型在概率论理论和应用方面都起着十分重要的作用. 在概率论中，有些试验可以在相同的条件下重复进行，且任何一次试验发生的结果都不受其他各次试验结果的影响，称这样的试验序列为**独立重复试验**. 称重复试验次数为**重数**.

在 $n$ 重独立重复试验中，如果每一次试验只有 $A$ 或 $\overline{A}$，且 $A$ 在每次试验中发生的概率都为 $p$（即 $p$ 与试验的次数无关），称这样的独立重复试验为 **$n$ 重贝努里(Bernoulli)试验**.

**定理 1.6.1** 在 $n$ 重贝努里试验中，$A$ 在一次试验中发生的概率为 $p$（$0<p<1$），设 $A_k = \{$在 $n$ 重贝努里试验中，$A$ 恰好发生 $k$ 次$\}$（$k=0, 1, 2, \cdots, n$），则 $A_k$ 概率为

$$P(A_k) = C_n^k p^k (1-p)^{n-k} \quad (k = 0, 1, 2, \cdots, n)$$

此式正好是 $[p+(1-p)]^n$ 的二项展开式的通项，又称二项概率公式.

**证明** 在固定的 $n$ 个试验序号上发生 $k$ 次的概率为

$$p^n(1-p)^{n-k}$$

由排列知识，在 $n$ 中挑选 $k$ 个方法共有 $C_n^k$ 种，因此

$$P(A_k) = C_n^k p^k (1-p)^{n-k}$$

**例 1.6.1** 某射击选手命中率为 0.8，该选手独立射击 10 次，问该选手恰有 8 次击中目标的概率等于多少？

**解** 此试验为贝努里概型，设 $A_k = \{$在 10 次射击中恰好命中 $k$ 次$\}$（$k=0, 1, 2, \cdots, 10$），$A=\{$该选手恰好 8 次击中目标$\}$，则

$$P(A) = P(A_8) = C_{10}^8\, 0.8^8\, (1-0.8)^2 = 0.302$$

**例 1.6.2** 一车间有 5 台同类型的且独立工作的机器，假设在任一时刻，每台机器出故障的概率为 0.1，问在同一时刻

（1）恰有两台机器出故障的概率；

（2）至少有三台机器出故障的概率；

（3）至多有三台机器出故障的概率；

（4）至少有一台机器出故障的概率.

**解** 在同一时刻观察 5 台机器，它们是否出故障是相互独立的，故可以看成做 5 重贝努里试验，$n=5$，$p=0.1$，$k=0, 1, \cdots, 5$，设 $A_k = \{$在 5 台机器中恰好 $k$ 台出故障$\}$（$k=0, 1, 2, \cdots, 5$），$A=\{$恰有两台机器出故障$\}$，$B=\{$至少有三台机器出故障$\}$，$C=\{$至多有三台机器出故障$\}$，$D=\{$至少有一台机器出故障$\}$. 由二项概率公式得

（1）$P(A) = P(A_2) = C_5^2 \times 0.1^2 \times (1-0.1)^{5-2} = 0.0729$

（2）$P(B) = P(A_3) + P(A_4) + P(A_5) = \sum_{k=3}^{5} C_5^k \times 0.1^k \times (1-0.1)^{5-k} = 0.0086$

（3）$P(C) = P(A_0) + P(A_1) + P(A_2) + P(A_3) = \sum_{k=0}^{3} C_5^k \times 0.1^k \times (1-0.1)^{5-k} = 0.9995$

（4）$P(D) = 1 - P(A_0) = 1 - C_5^0 \times 0.1^0 \times (1-0.1)^{5-0} = 0.4095$

# 习 题 1

## (A)

1. 观察下列随机试验并写出相应的样本空间：

(1) 抛三枚硬币；

(2) 连续抛一枚硬币，直至出现正面为止；

(3) 单位圆内任取一点，记录其坐标．

2. 设 $A$，$B$，$C$ 表示三个事件，用 $A$，$B$，$C$ 表示下列事件：

(1) $A$ 发生，$B$，$C$ 都不发生；

(2) 三个事件 $A$，$B$，$C$ 不全发生；

(3) 三个事件 $A$，$B$，$C$ 至少有一个发生；

(4) 三个事件 $A$，$B$，$C$ 都不发生；

(5) 三个事件中不多于一个事件发生；

(6) 三个事件中不多于两个事件发生；

(7) 三个事件中至少有两个发生．

3. 任取两个正整数，求它们的和为偶数的概率．

4. 设 9 件产品中有 2 件不合格，从中不返回地任取 2 件，求取出的 2 件中全是合格品、仅有一件合格品和没有合格品的概率各为多少？

5. 一套选集共 5 册，随机摆在书架上，求从左到右或从右到左排成 1，2，3，4，5 册顺序的概率．

6. 一口袋中有 5 个白球，3 个黑球，求从中任取两只球为颜色不同的球的概率？

7. 一批产品由 7 件正品，3 件次品组成，从中任取 3 件，求

(1) 3 件中恰有一件次品的概率；

(2) 3 件全为次品的概率；

(3) 3 件全为正品的概率；

(4) 3 件中至少有一件次品的概率；

(5) 3 件中至少有两件次品的概率．

8. 一口袋中装有标号为 1～10 号乒乓球，从中任取三只，求下列事件的概率：

(1) 最小号码为 5；

(2) 最大号码为 5；

(3) 最小号码小于 3．

9. 设事件 $A$ 和 $B$ 互不相容，且 $P(A) = 0.3$，$P(B) = 0.5$，求以下事件的概率：

(1) $A$ 与 $B$ 中至少有一个发生；

(2) $A$ 和 $B$ 都不发生；

(3) $A$ 发生，但 $B$ 不发生．

10. 某城市有 40％的住户订日报，65％的住户订晚报，70％的住户至少订两种报纸中的一种，问同时订两种报纸住户的百分比为多少？

11. 一口袋中有 4 只白球，3 只黑球，从中任取 3 只球，问其中至少有 2 只白球的概率等于多少？

12. 一口袋中有 4 只白球，2 只黑球，从中任取 2 只球，问其中有黑球的概率等于多少？

13. 设 $A,B$ 是两个事件，已知 $P(A)=0.5$，$P(B)=0.7$，$P(A\bigcup B)=0.8$，试求 $P(A-B)$ 与 $P(B-A)$．

14. 已知 $A\subset B$，$P(A)=0.4$，$P(B)=0.6$，求 (1) $P(\overline{A})$，$P(\overline{B})$；(2) $P(A\bigcup B)$；(3) $P(AB)$；(4) $P(A\overline{B})$，$P(\overline{A}\,\overline{B})$，$P(\overline{A}B)$．

15. $P(A)=1/4$，$P(B\mid A)=1/3$，$P(A\mid B)=1/2$，求 $P(A\bigcup B)$．

16. $A$，$B$ 为互不相容事件，$P(A)=0.3$，$P(B)=0.5$，求 $P(A\mid\overline{B})$．

17. 一批产品共 100 件，其中 10 件为次品，每次从中任取一件不放回，问第三次才取到正品的概率等于多少？

18. 某批产品中有 4% 废品，合格品中有 75% 是一等品，求从这批产品中任取一件产品为一等品的概率．

19. 三人独立地破译一份密码，已知各人能译出的概率分别为 1/5，1/3，1/4．问三人中至少有一人能将此密码译出的概率等于多少？

20. 加工一产品要经过三道工序，第一、二、三道工序不出废品的概率为 0.9，0.95，0.8，假定各工序之间是否出废品是独立的，求经过三道工序不出废品的概率．

21. 某计算机内有 2000 个电子管，每个电子管损坏的概率为 0.0005，如果其中有一只电子管损坏，则计算机停止工作，求计算机停止工作的概率．

22. 甲乙袋中各有 4 只白球，3 只黑球，从甲袋中任取 2 球放入乙袋中，求再从乙袋中取出 2 球为白球的概率．

23. 对敌舰进行三次独立射击，三次击中的概率分别为 0.4，0.5，0.7．如果敌舰被击中 1、2、3 弹而被击沉的概率分别为 0.2，0.6，1，求敌舰被击沉的概率．

24. 有三只笔盒，甲盒中装有 2 枝红笔，4 支蓝笔；乙盒中装有 6 枝红笔，2 支蓝笔；丙盒中装有 6 枝红笔，6 支蓝笔；今从中任取一支笔，并从各盒中取笔的可能性相等，求

(1) 取得红笔的概率；

(2) 在已知取得红笔的条件下，笔是从甲盒中取得的概率．

25. 炮战中，在距离目标 2500m，2000m，1500m 处射击的概率为 0.1，0.7，0.2，各处击中目标的概率为 0.05，0.1，0.2，现已知目标被击中，求击中目标是由 2500m 处的炮弹击中的概率．

26. 将两信息分别编码 A 与 B 发出，接收时 A 被误作为 B 的概率为 0.02，B 被误作为 A 的概率为 0.02；编码 A 与 B 传送的频率为 2∶1，若接收到的信息为 A，则原发信息是 A 的概率是多少？

27. 一大楼有 5 个同类型的供水设备，调查表明在某 $t$ 时刻每个设备被使用的概率为 0.1，问在同一时刻 (1) 恰有 2 个设备被使用的概率；(2) 至少有一个设备被使用的概率．

28. 设有 6 个元件，每个元件正常工作的概率为 0.9，且各元件独立工作，按下列方式装有两个系统，问哪个系统的可靠性大.

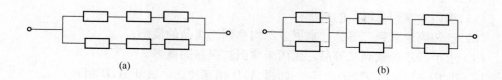

(a)　　　　　　　　　　　　　　(b)

## (B)

1. 一名射手连续向某个目标射击三次，事件 $A_i$ 表示第 $i$ 次射击时击中目标（$i=1$，2，3），试用文字叙述下列事件：$A_1 \bigcup A_2$；$\overline{A}_2$；$A_1 A_2 A_3$；$A_1 \bigcup A_2 \bigcup A_3$；$A_3 - A_2$；$A_3 \overline{A}_2$；$\overline{A_1 \bigcup A_2}$；$\overline{A}_1\ \overline{A}_2$；$(A_1 A_2) \bigcup (A_2 A_3) \bigcup (A_3 A_1)$.

2. 下面命题是否成立？

(1) $(A \bigcup B) - B = A$

(2) $(A - B) \bigcup B = A$

(3) $A - B = C$，则 $A = C \bigcup B$

(4) $(A \bigcup B) \bigcap C = A \bigcup (B \bigcap C)$

3. 掷两枚骰子，求下列事件的概率：

(1) 点数之和为 6；

(2) 点数之和不超过 6；

(3) 至少有一个 6 点.

4. 某人去银行取钱，可能他忘记密码的最后一位是哪个数字，他尝试从 0～9 这 10 个数字中随机地选一个，求他能在 3 次尝试中解开密码的概率.

5. 某人有 5 把钥匙，但忘记了开房门的钥匙，逐把试开，求

(1) 恰好第三次打开门的概率；

(2) 三次内打开门的概率.

6. 设 $P(AB) = 0$，则下列说法哪些是正确的？

(1) $A$ 和 $B$ 互不相容；

(2) $A$ 和 $B$ 相容；

(3) $AB$ 是不可能事件；

(4) $AB$ 不一定是不可能事件；

(5) $P(A) = 0$ 或 $P(B) = 0$；

(6) $P(A - B) = P(A)$.

7. 已知 $P(A) = P(B) = 1/2$，试证明：$P(AB) = P(\overline{A}\overline{B})$.

8. 若事件 $A$，$B$ 同时发生必导致 $C$ 发生，则 $P(C) \geqslant P(A) + P(B) - 1$.

9. 如果 $P(\overline{A})=0.3$，$P(B)=0.4$，$P(A\overline{B})=0.5$，求 $P(B\mid A\cup \overline{B})$．

10. 一个班级有 40 人，问该班级没有两人生日相同的概率等于多少？

11. 某人共买了 11 只水果，其中有 3 只是二等品，8 只是一等品，随机地将水果分给甲、乙、丙三个人，分别得到 4 只、6 只、1 只。求

(1) 求丙未拿到二级品的概率；

(2) 已知丙未拿到二等品，求甲、乙均拿到二级品的概率；

(3) 求甲、乙均拿到二等品，而丙未拿到二级品的概率．

12. 若 $P(A)>0$，$P(B)>0$，如果 $A,B$ 相互独立，试证 $A,B$ 相容．

# 第2章 随机变量及其分布

本章将介绍随机变量，它不但可以简洁地描述随机事件，而且能为研究概率问题开辟一条新的思路，即可以使用现代数学工具充分地对随机现象加以研究.

## §2.1 随机变量

在第1章中我们看到有的随机试验的结果与数字有关，有的则不然. 不管是哪种情形，我们都能将随机试验的每个结果唯一地对应于一个实数. 以下举例说明.

**例 2.1.1** 将一枚硬币连续掷两次，记 $\omega_1 = $（反，反），$\omega_2 = $（正，反），$\omega_3 = $（反，正），$\omega_4 = $（正，正），则样本空间为 $\Omega = \{\omega_1, \omega_2, \omega_3, \omega_4\}$. 反面出现的次数 $X$ 是一个变量，其可能取值为 0、1、2. 具体取哪个值在试验前不确定，试验后由出现的样本点对应才能确定，即

$$X(\omega) = \begin{cases} 0, & \omega = \omega_4 \\ 1, & \omega = \omega_2, \omega_3 \\ 2, & \omega = \omega_1 \end{cases}$$

这里 $X(\omega)$ 是定义在样本空间 $\Omega$ 上的一个实值函数，值域为 $\{0, 1, 2\}$.

**例 2.1.2** 某射手连续向一个目标射击，直到击中目标为止，记 $\omega_t$ 为第 $t$ 次才击中目标，则样本空间为 $\Omega = \{\omega_t \mid t = 0, 1, 2, \cdots\}$. 射击次数 $X$ 是一个变量，即

$$X(\omega) = t \ (\omega = \omega_t)$$

这里 $X(\omega)$ 是定义在样本空间 $\Omega$ 上的一个实值函数，值域为 $\{0, 1, 2, \cdots\}$.

**例 2.1.3** 在一批手机中任取一个测试，记 $\omega_t$ 为手机的使用寿命恰为 $t$ 小时，则样本空间为 $\Omega = \{\omega_t \mid t \geqslant 0\}$. 被测试手机的寿命 $X$ 是一个变量，即

$$X(\omega) = t \ (\omega = \omega_t)$$

这里 $X(\omega)$ 是定义在样本空间 $\Omega$ 上的一个实值函数，值域为 $[0, +\infty)$.

在上述的例子中，我们将随机试验的结果数值化，用 $X$ 的不同取值表示了出来. 将 $X$ 抽象出来，就得到如下定义.

**定义 2.1.1** 若对于随机试验的样本空间 $\Omega$ 中的每一个样本点 $\omega$，有且只有一个实数 $X(\omega)$ 与之对应，则称 $X(\omega)$ 为定义在 $\Omega$ 上的一个**随机变量**，简记为 $X$.

随机变量一般用大写字母 $X$，$Y$，$Z$，$\cdots$ 表示，而用小写字母 $x$，$y$，$z$，$\cdots$ 表示其取值.

引入随机变量之后，我们就可以用随机变量的取值来表示随机事件. 例如在例 2.1.3 中，事件"手机的寿命超过 2000 小时"就可以用 $\{X > 2000\}$ 表示.

# §2.2 离散型随机变量

在上一节的例 2.1.1 中随机变量的取值为有限个；例 2.1.2 中随机变量的取值为无穷多个，但可以按照某一顺序罗列出来．像这样的随机变量都属于离散型随机变量，下面给出其定义．

## 一、离散型随机变量的定义

**定义 2.2.1** 若随机变量 $X$ 的所有可能取值只有有限个或可列无穷多个，则称 $X$ 为**离散型随机变量**，否则称为非离散型随机变量．

对于离散型随机变量，除了要了解它的可能取值，更主要的是要知道它取这些数值所对应的随机事件发生的概率．为了清楚地描述这两点，给出如下定义．

## 二、离散型随机变量的分布律

**定义 2.2.2** 若离散型随机变量 $X$ 的所有可能取值为 $x_k$ $(k=1, 2, \cdots)$，事件 $\{X = x_k\}$ 的概率为 $p_k$，则称一系列等式

$$P(X = x_k) = p_k \qquad (k=1, 2, \cdots)$$

为 $X$ 的**分布列（律）**或概率分布．

$X$ 的分布律也可写成如下的表格形式

| $X$ | $x_1$ | $x_2$ | $\cdots$ | $x_k$ | $\cdots$ |
|---|---|---|---|---|---|
| $P$ | $p_1$ | $p_2$ | $\cdots$ | $p_k$ | $\cdots$ |

或记为

$$\begin{bmatrix} x_1 & x_2 & \cdots & x_k & \cdots \\ p_1 & p_2 & \cdots & p_k & \cdots \end{bmatrix}$$

显然，$p_k$ 满足

(1) 非负性：$p_k \geqslant 0$ $(k = 1,2,\cdots)$；

(2) 规范性：$\sum\limits_{k=1}^{\infty} p_k = 1$．

注意：若定义中的 $X$ 只能取有限个值 $x_1, x_2, \cdots, x_n$，则下标 $k$ 相应地只取 1，2，$\cdots$，$n$．

**例 2.2.1** 袋中有 5 件产品，其中 3 件正品、2 件次品，对其分别进行无放回和有放回地抽取 1 次，每次 1 件，直到取到正品为止，求抽取次数 $X$ 的分布律．

**解** （1）无放回的情况

$X$ 的可能取值为 1，2，3．

由于 $\{X = 1\}$ 表示事件"第 1 次抽取就取得正品"，故

$$P(X = 1) = \frac{3}{5}$$

而 $\{X = 2\}$ 表示事件"在两次抽取中第 2 次才取得正品"，故

$$P(X = 2) = \frac{2}{5} \cdot \frac{3}{4} = \frac{3}{10}$$

同理
$$P(X = 3) = \frac{2}{5} \cdot \frac{1}{4} \cdot \frac{3}{3} = \frac{1}{10}$$

(2) 有放回的情况

由于 $\{X = k\}$ 表示事件"在 $k$ 次抽取中，前 $k-1$ 次取得次品，第 $k$ 次才取得正品"，故 $X$ 的分布律为

$$P(X = k) = \frac{3}{5} \cdot \left(\frac{2}{5}\right)^{k-1} \qquad (k=1,2,\cdots)$$

**例 2.2.2**　求常数 $a$，使得 $P(X = k) = \dfrac{a}{2^k}$ $(k=0,1,3)$ 成为离散型随机变量 $X$ 的分布律，并求 $P(X \leqslant 2)$.

**解**　由规范性知，$\dfrac{a}{2^0} + \dfrac{a}{2^1} + \dfrac{a}{2^3} = 1$，故 $a = \dfrac{8}{13}$；

而 $P(X \leqslant 2) = 1 - P(X = 3) = \dfrac{12}{13}$.

## 三、常用的离散型分布

以下将介绍四种离散型随机变量.

**1. 0—1 分布**

若随机变量 $X$ 的分布律为
$$P(X = x) = p^x (1-p)^{1-x}, \qquad x = 0 \text{ 或 } 1$$
其表格形式为

| $X$ | 0 | 1 |
|---|---|---|
| $P$ | $1-p$ | $p$ |

其中 $0 < p < 1$，则称 $X$ 服从参数为 $p$ 的 0—1 分布或两点分布，记为 $X \sim B(1,p)$.

注意：有的随机试验的结果很多，但关注的结果只有两个，则可将样本空间重新划分为 $A$ 和 $\overline{A}$. 出现 $A$ 时，可定义 $X = 1$；否则定义 $X = 0$. 此时随机变量的分布也是 0—1 分布.

**2. 二项分布**

若 $X$ 的分布律为
$$P(X = k) = C_n^k p^k (1-p)^{n-k} \qquad (k=0,1,2,\cdots,n)$$
其中 $n \in Z^+$，$0 < p < 1$，则称 $X$ 服从参数为 $n$，$p$ 的二项分布，记为 $X \sim B(n,p)$.

二项分布的概率背景是 $n$ 重伯努利试验，若设 $n$ 重伯努利试验中事件 $A$ 发生的次数为随机变量 $X$，则 $X$ 服从二项分布.

显然，$n=1$ 时，$B(1,p)$ 即为上述的两点分布. 所以说两点分布为二项分布的一个特例.

**例 2.2.3**　有一名射手每次射击时的命中率均为 $p$，对同一目标进行 5 次独立射击，求：(1) 他恰好击中两次的概率；(2) 他至多击中四次的概率.

**解**　把一次射击看作一次试验，设射手击中的次数为 $X$，则 $X \sim B(5,p)$.

(1) $P(X=2)=C_5^2 p^2 (1-p)^3$ ;

(2) $P(X\leqslant 4)=1-P(X=5)=1-p^5$ .

**3. 泊松分布**

若 $X$ 的分布律为

$$P(X=k)=\frac{\lambda^k}{k!}\mathrm{e}^{-\lambda} \qquad (k=0,1,2,\cdots)$$

其中 $\lambda>0$ ，则称 $X$ 服从参数为 $\lambda$ 的泊松分布，记为 $X\sim P(\lambda)$ .

**例 2.2.4** 设 $X\sim P(\lambda)$ 且 $3P(X=1)=P(X=2)$ ，求 $P(X\geqslant 1)$ .

**解** 由于

$$3P(X=1)=P(X=2)$$

得

$$3\cdot\frac{\lambda^1}{1!}\mathrm{e}^{-\lambda}=\frac{\lambda^2}{2!}\mathrm{e}^{-\lambda}$$

$$\lambda=6 \qquad (\lambda=0\ \text{舍去})$$

故

$$P(X\geqslant 1)=1-P(X=0)=1-\frac{1}{\mathrm{e}^6} .$$

历史上，泊松分布是作为二项分布的近似引入的．泊松分布在概率论中也是较为常见的．例如，一段时间内到达某景区的游客人数，机场起飞的飞机数等，都服从泊松分布．

下面我们介绍著名的泊松定理，它揭示了二项分布与泊松分布之间隐含的关系．

**定理 2.2.1(泊松定理)** 设 $X\sim B(n,p_n)$ ，若 $\lim\limits_{n\to\infty}np_n=\lambda>0$ ，则

$$\lim_{n\to\infty}C_n^k p_n^k (1-p_n)^{n-k}=\frac{\lambda^k}{k!}\mathrm{e}^{-\lambda} \qquad (k=0,1,2,\cdots,n) .$$

证明略．

在二项分布的概率计算中，当 $n$ 值较大或 $p$ 值较小，直接计算 $C_n^k p^k (1-p)^{n-k}$ 的值比较麻烦．由上述定理知，当 $n$ 较大（ $n\geqslant 20$ ）且 $p$ 较小（ $p\leqslant 0.05$ ），则可使用下列近似公式

$$C_n^k p^k (1-p)^{n-k}\approx\frac{\lambda^k}{k!}\mathrm{e}^{-\lambda} \qquad (k=0,1,2,\cdots,n)，其中 \lambda=np .$$

**例 2.2.5** 某单位有 1000 人购买彩票，每人的中奖率为 0.01，求该单位最多有 3 人中奖的概率．

**解** 设 $X$ 表示"该单位中奖的人数"，则 $X\sim B(1000,0.01)$ . 故所求概率为

$$P(X\leqslant 3)=\sum_{k=0}^{3}C_{1000}^k\cdot(0.01)^k\cdot(0.99)^{1000-k}$$

$$\approx 0.000043+0.000436+0.002200+0.007393$$

$$=0.010072$$

若运用泊松分布，则 $X\sim P(10)$ ，所求概率为

$$\sum_{k=0}^{3}\frac{10^k}{k!}\mathrm{e}^{-10}=\left(\frac{1}{1}+\frac{10}{1}+\frac{100}{2}+\frac{1000}{6}\right)\mathrm{e}^{-10}=\frac{1366}{6}\mathrm{e}^{-10}\approx 0.010336 .$$

显然，这两种方法计算出的结果非常接近．

**4. 几何分布**

若 $X$ 的分布律为

$$P(X=k) = p(1-p)^{k-1} \quad (k=1,2,\cdots)$$

其中 $0 < p < 1$，则称 $X$ 服从参数为 $p$ 的几何分布，记为 $X \sim G(p)$．

在例 2.2.1 中的有放回的取球中抽取次数 $X$ 就是服从几何分布 $G\left(\dfrac{3}{5}\right)$．

# §2.3　随机变量的分布函数

通过前面的学习可以看到，随机事件的概率都可以看成是随机变量在某个范围内的取值的概率问题．我们接下来将引入分布函数的概念，它可以完整地表示随机变量的概率分布情况．

## 一、分布函数的定义

**定义 2.3.1**　设 $X$ 是一个随机变量，则称一元函数

$$F(x) = P(X \leqslant x) \quad (-\infty < x < +\infty)$$

为 $X$ 的**分布函数**．

显然，$F(x)$ 为 $X$ 落入 $(-\infty, x]$ 中的累积概率值．

由上述定义可知，对任意实数 $a, b\ (a < b)$，都有

$P(X \leqslant a) = F(a)$，

$P(X > a) = 1 - P(X \leqslant a) = 1 - F(a)$，

$P(a < X \leqslant b) = P(X \leqslant b) - P(X \leqslant a) = F(b) - F(a)$，

$P(X = a) = F(a) - F(a-0)$，$P(a < X < b) = F(b-0) - F(a)$，

$P(a \leqslant X \leqslant b) = F(b) - F(a-0)$，$P(a \leqslant X < b) = F(b-0) - F(a-0)$．

## 二、分布函数的性质

随机变量 $X$ 的分布函数 $F(x)$ 具有以下性质：

(1) 有界性：对任意的 $x$，有 $0 \leqslant F(x) \leqslant 1$；且 $F(-\infty) = \lim\limits_{x \to -\infty} F(x) = 0$

$$F(+\infty) = \lim\limits_{x \to +\infty} F(x) = 1;$$

(2) 单调不减性：$F(x)$ 关于 $x$ 单调不减，即当 $x_1 < x_2$ 时，有 $F(x_1) \leqslant F(x_2)$；

(3) 右连续性：对任意的 $x_0$，$\lim\limits_{x \to x_0^+} F(x) = F(x_0)$．

以上 3 条性质是判断某函数 $F(x)$ 是否为分布函数的充分必要条件．

**例 2.3.1**　若随机变量 $X$ 的分布函数为 $F(x) = \begin{cases} 0, & x < 0 \\ \dfrac{1}{8}x^3, & 0 \leqslant x < 2 \\ 1, & x \geqslant 2 \end{cases}$．

求下列概率：(1) $P\left(X \leqslant \dfrac{2}{3}\right)$；(2) $P(X > 2)$；(3) $P\left(\dfrac{1}{2} < X \leqslant \dfrac{3}{2}\right)$．

**解**　(1) $P\left(X \leqslant \dfrac{2}{3}\right) = F\left(\dfrac{2}{3}\right) = \dfrac{1}{27}$；

(2) $P(X>2)=1-P(X\leqslant 2)=1-F(2)=0$；

(3) $P\left(\dfrac{1}{2}<X\leqslant\dfrac{3}{2}\right)=F\left(\dfrac{3}{2}\right)-F\left(\dfrac{1}{2}\right)=\dfrac{13}{32}$.

### 三、离散型随机变量的分布函数

先看一个例子.

**例 2.3.2** 设离散型随机变量 $X$ 的分布律为

| $X$ | $-1$ | $2$ | $3$ |
|---|---|---|---|
| $P$ | 0.3 | 0.5 | 0.2 |

求 $X$ 的分布函数 $F(x)$.

**解** 由于 $X$ 只可能取 $-1$、2、3 这三个值，故

当 $x<-1$ 时，$\{X\leqslant x\}=\phi$

$$F(x)=P(X\leqslant x)=0$$

当 $-1\leqslant x<2$ 时，$\{X\leqslant x\}=\{X=-1\}$

$$F(x)=P(X\leqslant x)=0.3$$

当 $2\leqslant x<3$ 时，$\{X\leqslant x\}=\{X=-1\}\bigcup\{X=2\}$

$$F(x)=P(X\leqslant x)=0.3+0.5=0.8$$

当 $x\geqslant 3$ 时，$\{X\leqslant x\}=\Omega$

$$F(x)=P(X\leqslant x)=0.3+0.5+0.2=1$$

综上所述，可得

$$F(x)=\begin{cases}0, & x<-1\\ 0.3, & -1\leqslant x<2\\ 0.8, & 2\leqslant x<3\\ 1, & x\geqslant 3\end{cases}$$

注意：一般地，若离散型随机变量 $X$ 的分布律为

| $X$ | $x_1$ | $x_2$ | $\cdots$ | $x_k$ | $\cdots$ |
|---|---|---|---|---|---|
| $P$ | $p_1$ | $p_2$ | $\cdots$ | $p_k$ | $\cdots$ |

则它的分布函数为

$$F(x)=P(X\leqslant x)=\sum_{x_i\leqslant x}p_i$$

其中 $F(x)$ 是在各段内取常数的分段函数（或阶梯函数）. 分段点就是随机变量 $X$ 的取值点，同时它们又是 $F(x)$ 的跳跃间断点，并且 $p_k=\lim\limits_{x\to x_k^+}F(x)-\lim\limits_{x\to x_k^-}F(x)$.

同样，由分布函数 $F(x)$ 也可以得到随机变量的分布律.

## §2.4  连续型随机变量

非离散型随机变量的情况比较复杂，我们主要介绍其中非常重要的一类：连续型随

机变量. 例如, 例 2.1.3 中手机的使用寿命, 它的取值不可以一一列举出来, 而是充满了某个区间.

## 一、连续型随机变量及其概率密度函数

**定义 2.4.1** 若对于随机变量 $X$ 的分布函数 $F(x)$, 存在一个非负可积函数 $f(x)$, 使得对任意实数 $x$, 都有

$$F(x) = \int_{-\infty}^{x} f(t) \mathrm{d}t$$

成立, 则称 $X$ 为连续型随机变量, $f(x)$ 为 $X$ 的**概率密度函数**, 简称概率密度或密度函数.

密度函数 $f(x)$ 具有下列性质:

(1) 非负性: $f(x) \geqslant 0$;

(2) 规范性: $\int_{-\infty}^{+\infty} f(x) \mathrm{d}x = 1$.

注意: 改变 $f(x)$ 在个别点的函数值不影响公式 $F(x) = \int_{-\infty}^{x} f(t) \mathrm{d}t$, 故对固定的分布函数, 密度函数未必唯一.

对于一个连续型随机变量 $X$, 若 $F(x)$、$f(x)$ 分别为 $X$ 的分布函数和密度函数, 则

(1) $P(a < X \leqslant b) = \int_{-\infty}^{b} f(x) \mathrm{d}x - \int_{-\infty}^{a} f(x) \mathrm{d}x = \int_{a}^{b} f(x) \mathrm{d}x$;

(2) $F(x)$ 为 $(-\infty, +\infty)$ 上的连续函数;

(3) 在 $f(x)$ 的连续点 $x$ 处, 有 $F'(x) = f(x)$;

(4) 对任意实数 $c$, 有 $P(X = c) = 0$;

(5) 对任意实数 $a$、$b$, 且 $a < b$, 则

$$P(a < X \leqslant b) = P(a \leqslant X \leqslant b) = P(a \leqslant X < b) = P(a < X < b)$$

上述的性质 (4) 正是连续型随机变量与离散型随机变量的最大区别.

**例 2.4.1** 设随机变量 $X$ 的密度函数为

$$f(x) = \begin{cases} 2ax, & 0 < x < 3 \\ 0, & \text{其他} \end{cases}$$

求: (1) 常数 $a$; (2) $P(-1 < X < 1)$; (3) 分布函数 $F(x)$.

**解** (1) 由密度函数的性质, 得

$$1 = \int_{-\infty}^{+\infty} f(x) \mathrm{d}x = \int_{0}^{3} 2ax \mathrm{d}x = 9a$$

故

$$a = \frac{1}{9}.$$

(2)

$$P(-1 < X < 1) = \int_{-1}^{1} f(x) \mathrm{d}x = \int_{0}^{1} \frac{2}{9} x \mathrm{d}x = \frac{1}{9}.$$

(3) 当 $x \leqslant 0$ 时，

$$F(x) = \int_{-\infty}^{x} f(t)\mathrm{d}t = \int_{-\infty}^{x} 0\mathrm{d}t = 0$$

当 $0 < x < 3$ 时，

$$F(x) = \int_{-\infty}^{x} f(t)\mathrm{d}t = \int_{-\infty}^{0} 0\mathrm{d}t + \int_{0}^{x} \frac{2}{9}t\mathrm{d}t = \frac{1}{9}x^2$$

当 $x \geqslant 3$ 时，

$$F(x) = \int_{-\infty}^{x} f(t)\mathrm{d}t = \int_{-\infty}^{0} 0\mathrm{d}t + \int_{0}^{3} \frac{2}{9}t\mathrm{d}t + \int_{3}^{x} 0\mathrm{d}t = 1$$

从而 $X$ 的分布函数

$$F(x) = \begin{cases} 0, & x < 0 \\ \dfrac{1}{9}x^2, & 0 \leqslant x < 3 \\ 1, & x \geqslant 3 \end{cases}.$$

## 二、常用的连续型分布

### 1. 均匀分布

若随机变量 $X$ 的密度函数为

$$f(x) = \begin{cases} \dfrac{1}{b-a}, & a \leqslant x \leqslant b \\ 0, & \text{其他} \end{cases}$$

则称 $X$ 服从 $[a, b]$ 上的均匀分布，记为 $X \sim U\,[a, b]$．

上述闭区间 $[a, b]$ 可改为相应的开区间或半开半闭区间．

注意：若 $X \sim U\,[a, b]$，则

(1) $X$ 的分布函数为 $F(x) = \begin{cases} 0, & x < a \\ \dfrac{x-a}{b-a}, & a \leqslant x < b \\ 1, & x \geqslant b \end{cases}$

均匀分布的密度函数 $f(x)$ 与分布函数 $F(x)$ 的图像如图 2.1 和图 2.2 所示．

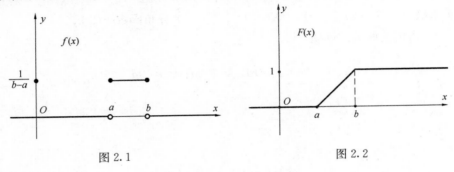

图 2.1　　　　　　　　　图 2.2

(2) 对于任意区间 $[c, d] \subset [a, b]$，则

$$P(c \leqslant X \leqslant d) = F(d) - F(c) = \frac{d-c}{b-a}.$$

**例 2.4.2** 某机器零件的直径误差 $X$ 服从 $[-1,1]$（单位：mm）上的均匀分布.求：(1) $X$ 的密度函数；(2) $X$ 落入 $[-0.5, 0.5]$（单位：mm）的概率.

**解** (1) 由题意可知，$X \sim U[-1,1]$，其密度函数为

$$f(x) = \begin{cases} \dfrac{1}{2}, & -1 \leqslant x \leqslant 1 \\ 0 & \text{其他} \end{cases}.$$

(2) $P(-0.5 \leqslant X \leqslant 0.5) = \displaystyle\int_{-0.5}^{0.5} \frac{1}{2} \mathrm{d}x = \frac{1}{2}$.

**2. 指数分布**

若随机变量 $X$ 的密度函数为

$$f(x) = \begin{cases} \lambda \mathrm{e}^{-\lambda x}, & x > 0 \\ 0, & x \leqslant 0 \end{cases} \qquad (\lambda > 0)$$

则称 $X$ 服从参数为 $\lambda$ 的指数分布，记为 $X \sim E(\lambda)$ 或 $\exp(\lambda)$.

指数分布常用作各种"寿命"分布的近似，例如一些消耗性产品的使用寿命大都近似服从指数分布.

注意：若 $X \sim E(\lambda)$，则 $X$ 的分布函数为

$$F(x) = \begin{cases} 1 - \mathrm{e}^{-\lambda x}, & x > 0 \\ 0, & x \leqslant 0 \end{cases}$$

指数分布的密度函数 $f(x)$ 与分布函数 $F(x)$ 的图像如图 2.3 和图 2.4 所示.

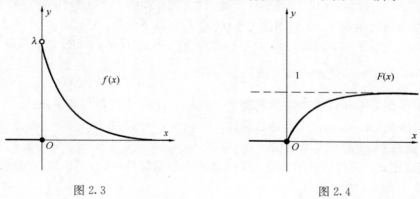

图 2.3　　　　　　　　　　　　　图 2.4

值得关注的是，服从指数分布的随机变量具有以下特殊性质：

**定理 2.4.1（无记忆性或无后效性）** 设 $X \sim E(\lambda)$，则对于 $\forall s, t > 0$，有

$$P(X > s+t \mid X > s) = P(X > t)$$

运用条件概率的知识很容易证明上述定理.

该性质表明，若电器的寿命 $X$（单位：h）服从指数分布，那么它在已经使用了 $s$ 小时后还能再使用 $t$ 小时的概率，和从一开始能使用 $t$ 小时的概率相同，与已经使用的时间 $s$ 小时无关.

**例 2.4.3** 设顾客在网上订票的等待时间 $X \sim E(0.2)$（$X$ 的单位：min）．若等待时间超过 20min，该顾客就放弃订票．

求：（1）在网上成功购票的概率；

（2）若该顾客一个月内要买 3 次票，用 $Y$ 表示他因等待时间过长而放弃的次数，求 $Y$ 的分布律．

**解** （1）$P(X \leqslant 20) = F(20) = 1 - \mathrm{e}^{-4}$；

（2）不难看出 $Y \sim B(3, p)$，其中 $p = P(X > 20) = \mathrm{e}^{-4}$，则 $Y$ 的分布律为

$$P(Y = k) = C_3^k (\mathrm{e}^{-4})^k (1 - \mathrm{e}^{-4})^{3-k} \qquad (k = 0, 1, 2, 3).$$

### 3. 正态分布

若随机变量 $X$ 的密度函数为

$$f(x) = \frac{1}{\sqrt{2\pi}\,\sigma} \mathrm{e}^{-\frac{(x-\mu)^2}{2\sigma^2}} \qquad (-\infty < x < +\infty)$$

其中 $\mu, \sigma$ 是常数，且 $\sigma > 0$，则称 $X$ 服从参数为 $\mu, \sigma$ 的正态分布，记为 $X \sim N(\mu, \sigma^2)$．

注意：（1）正态分布的密度函数 $f(x)$ 的图像如图 2.5 所示．

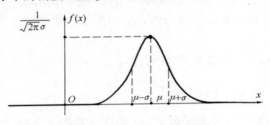

图 2.5

（2）结合密度函数 $f(x)$ 的图像可得 $f(x)$ 具有以下性质：

① $f(x)$ 关于 $x = \mu$ 对称，即 $f(\mu + a) = f(\mu - a)$（$\forall a \in R$）；

② $f(x)$ 在 $x = \mu$ 处取得最大值 $\frac{1}{\sqrt{2\pi}\sigma}$；

③ $f(x)$ 在 $(-\infty, \mu)$ 上严格单调递增，在 $(\mu, +\infty)$ 上严格单调递减；

④ $f(x)$ 在 $(\mu - \sigma, \mu + \sigma)$ 上是凸函数，在 $(-\infty, \mu - \sigma) \bigcup (\mu + \sigma, +\infty)$ 上是凹函数；

⑤ $x$ 轴为 $f(x)$ 的水平渐近线；

⑥ 当固定 $\sigma$，而改变 $\mu$ 的值时，$f(x)$ 的图形形状保持不变，只改变它的水平位置．（图 2.6）；

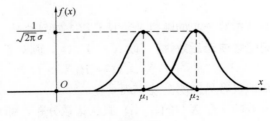

图 2.6

⑦ 当固定 $\mu$，而增大 $\sigma$ 时，为了满足规范性 $\int_{-\infty}^{+\infty} f(x)\mathrm{d}x = 1$，$f(x)$ 的图像越平坦；$\sigma$ 越小，其图像越陡峭（图 2.7）．

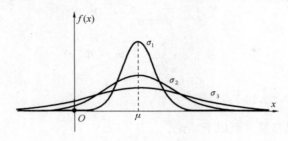

图 2.7　（图中 $0 < \sigma_1 < \sigma_2 < \sigma_3$）

（3）正态分布的分布函数为

$$F(x) = \int_{-\infty}^{x} \frac{1}{\sqrt{2\pi}\,\sigma} \mathrm{e}^{-\frac{(t-\mu)^2}{2\sigma^2}} \mathrm{d}t \quad (-\infty < x < +\infty)$$

（4）当 $\mu = 0$，$\sigma = 1$ 时，则称 $X$ 服从标准正态分布，记为 $X \sim N(0, 1)$．其密度函数和分布函数用专门的记号 $\varphi(x)$，$\Phi(x)$ 表示，即

$$\varphi(x) = \frac{1}{\sqrt{2\pi}} \mathrm{e}^{-\frac{x^2}{2}}, \qquad (-\infty < x < +\infty)$$

$$\Phi(x) = \frac{1}{\sqrt{2\pi}} \int_{-\infty}^{x} \mathrm{e}^{-\frac{t^2}{2}} \mathrm{d}t, \qquad (-\infty < x < +\infty)$$

$\Phi(x)$ 不能表示为初等函数，但是可以通过数值计算方法给出它的近似值．为了使用方便，在附表 1 中给出了 $\Phi(x)$ 的函数表可供查用．

依据 $\varphi(x)$ 的图像很容易得到以下性质：

① $\Phi(0) = 0.5$；　　② $\Phi(-x) = 1 - \Phi(x)$．

**例 2.4.4**　设 $X \sim N(0, 1)$，查附表 1 计算 $P(X < 1.25)$ 和 $P(|X| \leqslant 1)$．

**解**　　　　　$P(X < 1.25) = P(X \leqslant 1.25) = \Phi(1.25) = 0.8944$

$$P(|X| \leqslant 1) = P(-1 \leqslant X \leqslant 1) = \Phi(1) - \Phi(-1) = \Phi(1) - [1 - \Phi(1)] = 0.6826.$$

一般的正态分布问题均可以转化为标准正态分布进行计算，下面介绍两个重要定理．

**定理 2.4.2**　若 $X \sim N(\mu, \sigma^2)$，则 $Y = \dfrac{X - \mu}{\sigma} \sim N(0, 1)$．

**证明**　由于 $X \sim N(\mu, \sigma^2)$，故 $X$ 的分布函数为

$$F(x) = P(X \leqslant x) = \int_{-\infty}^{x} \frac{1}{\sqrt{2\pi}\,\sigma} \mathrm{e}^{-\frac{(t-\mu)^2}{2\sigma^2}} \mathrm{d}t \quad (-\infty < x < +\infty)$$

令 $Y = \dfrac{X - \mu}{\sigma}$，可得

$$P(Y \leqslant y) = P\left(\frac{X-\mu}{\sigma} \leqslant y\right) = P(X \leqslant \sigma y + \mu)$$

$$= \int_{-\infty}^{\sigma y + \mu} \frac{1}{\sqrt{2\pi}\,\sigma} e^{-\frac{(t-\mu)^2}{2\sigma^2}} \mathrm{d}t \quad (\diamondsuit\, u = \frac{t-\mu}{\sigma})$$

$$= \int_{-\infty}^{y} \frac{1}{\sqrt{2\pi}} e^{-\frac{u^2}{2}} \mathrm{d}u = \Phi(y)$$

因此 $Y = \dfrac{X-\mu}{\sigma} \sim N(0,1)$.

由定理 2.4.2 很容易得到以下结论：

**定理 2.4.3** 若 $X \sim N(\mu,\sigma^2)$，则 $F(x) = \Phi\left(\dfrac{x-\mu}{\sigma}\right)$.

**例 2.4.5** 设 $X \sim N(-1,16)$，求 $P(X > -1.5)$ 和 $P(|X-1| > 1)$.

**解** 由 $X \sim N(-1,4^2)$，得 $\dfrac{X+1}{4} \sim N(0,1)$，故

(1) $P(X > -1.5) = 1 - P(X \leqslant -1.5) = 1 - P\left(\dfrac{X+1}{4} \leqslant -0.125\right)$

$$= 1 - \Phi(-0.125) = \Phi(0.125) = 0.5498$$

(2) $P(|X-1| > 1) = 1 - P(0 \leqslant X \leqslant 2) = 1 - [\Phi(0.75) - \Phi(0.25)]$

$$= 0.8253.$$

**例 2.4.6** 若 $X \sim N(\mu,\sigma^2)$，求概率 $P(|X-\mu| < k\sigma)$.

**解** $P(|X-\mu| < k\sigma) = P(\mu - k\sigma < X < \mu + k\sigma)$

$$= \Phi\left(\frac{\mu + k\sigma - \mu}{\sigma}\right) - \Phi\left(\frac{\mu - k\sigma - \mu}{\sigma}\right)$$

$$= \Phi(k) - \Phi(-k)$$

$$= \Phi(k) - [1 - \Phi(k)]$$

$$= 2\Phi(k) - 1$$

当 $k = 1,2,3,\cdots$ 时，经查表

$$P(\mu - \sigma < X < \mu + \sigma) = 2\Phi(1) - 1 \approx 0.6826$$

$$P(\mu - 2\sigma < X < \mu + 2\sigma) = 2\Phi(2) - 1 \approx 0.9544$$

$$P(\mu - 3\sigma < X < \mu + 3\sigma) = 2\Phi(3) - 1 \approx 0.9973$$

$$\vdots$$

从这个例子可以看出 $X$ 落入 $(\mu - 3\sigma, \mu + 3\sigma)$ 的概率高达 99.73%. 可以说 $X$ 几乎总在 $(\mu - 3\sigma, \mu + 3\sigma)$ 内取值，这个性质称为"$3\sigma$ 法则".

在生活中有很多随机变量都是服从或近似服从正态分布. 例如收入水平、考试成绩、人的身高和体重等，都可认为服从正态分布. 正态分布在整个的概率论和数理统计中有着非常重要的作用.

# §2.5　随机变量函数的分布

在解决一些实际问题时，有的随机变量 $Y$ 的分布不容易直接得到，但它可表示为其他常见的随机变量 $X$ 的函数，而 $X$ 的概率分布容易获得．设 $X$ 是一个随机变量，$g(x)$ 是一元函数，则 $Y = g(X)$ 作为 $X$ 的函数，也是一个随机变量．本节将分两种情况讨论随机变量函数的分布问题．

## 一、离散型随机变量的函数

先看一个例子．

**例 2.5.1**　设 $X$ 的分布律为

| $X$ | 1 | 2 | 3 |
|---|---|---|---|
| $P$ | 0.2 | 0.1 | 0.7 |

分别求 $Y_1 = 2X + 1$ 和 $Y_2 = (X-2)^2$ 的分布律．

**解**

| $X$ | 1 | 2 | 3 |
|---|---|---|---|
| $P$ | 0.2 | 0.1 | 0.7 |
| $Y_1{=}2X{+}1$ | 3 | 5 | 7 |
| $Y_2{=}(X{-}2)^2$ | 1 | 0 | 1 |

故 $Y_1 = 2X + 1$ 的分布律为

| $Y_1$ | 3 | 5 | 7 |
|---|---|---|---|
| $P$ | 0.2 | 0.1 | 0.7 |

$Y_2 = (X-2)^2$ 的分布律为

| $Y_2$ | 0 | 1 |
|---|---|---|
| $P$ | 0.1 | 0.9 |

一般地，若离散型随机变量 $X$ 的分布律为 $P(X = x_k) = p_k\,(k=1, 2, \cdots)$，$g(x)$ 是一元函数，则 $Y = g(X)$ 也是一个离散型随机变量，其分布律为 $P(Y = y_j) = \sum_{\substack{k \\ g(x_k) = y_j}} P(X = x_k)$．

## 二、连续型随机变量的函数

设连续型随机变量 $X$ 的密度函数为 $f_X(x)$，求 $Y = g(X)$ 的密度函数 $f_Y(y)$ 的一般方法是：

（1）先求 $Y$ 的分布函数 $F_Y(y)$ 的表达式

$$F_Y(y) = P(Y \leqslant y) = P[g(X) \leqslant y]$$

$$= P(X \in I_g) = \int_{I_g} f_X(x)\mathrm{d}x$$

其中 $I_g = \{x \mid g(x) \leqslant y\}$；

（2）再对 $F_Y(y)$ 求导，得 $f_Y(y)$．

上述的一般方法又称两步法．

**例 2.5.2** 若 $X \sim N(\mu, \sigma^2)$ 且 $Y = \dfrac{X - \mu}{\sigma}$，求 $Y$ 的密度函数 $f_Y(y)$．

**解** 事实上，结合定理 2.4.2 的证明，$Y$ 的分布函数 $F_Y(y)$ 为 $\Phi(y)$，再对其求导得

$$f_Y(y) = \frac{1}{\sqrt{2\pi}} \mathrm{e}^{-\frac{y^2}{2}}$$

以上介绍了求随机变量函数的分布的一般方法，若 $g(x)$ 满足某些特定条件，则有如下结论．常称之为公式法．

**定理 2.5.1** 若连续型随机变量 $X$ 的密度函数为 $f_X(x)$，函数 $y = g(x)$ 在 $X$ 的取值范围内严格单调且可导，则随机变量 $Y = g(X)$ 的密度函数为

$$f_Y(y) = \begin{cases} f_X[h(y)]\,|h'(y)|, & \alpha < y < \beta \\ 0, & \text{其他} \end{cases}$$

这里 $(\alpha, \beta)$ 为函数 $y = g(x)$ 的值域，$h(y)$ 是 $g(x)$ 的反函数．

证明略．

如果 $Y$ 是服从正态分布的随机变量 $X$ 的一般线性函数，那么 $Y$ 的密度函数将是怎样？

**例 2.5.3** 若 $X \sim N(\mu, \sigma^2)$，求 $Y = kX + b$（$k, b \in R$ 且 $k \neq 0$）的密度函数．

**解** 显然本例是例 2.5.2 的一个推广，也可以用两步法求解，但运用公式法更简便．

$X$ 的密度函数为

$$f_X(x) = \frac{1}{\sqrt{2\pi}\,\sigma} \mathrm{e}^{-\frac{(x-\mu)^2}{2\sigma^2}} \qquad (-\infty < x < +\infty)$$

由于 $y = g(x) = kx + b$ 在 $-\infty < x < +\infty$ 内严格单调且可导，得

$$x = h(y) = \frac{y - b}{k}, \qquad h'(y) = \frac{1}{k}$$

故 $Y = kX + b$ 的密度函数为

$$f_Y(y) = \frac{1}{|k|} f_X\left(\frac{y-b}{k}\right) = \frac{1}{\sqrt{2\pi}\,|k|\sigma} \mathrm{e}^{-\frac{(y-k\mu-b)^2}{2k^2\sigma^2}} \qquad (-\infty < y < +\infty)$$

即

$$Y = kX + b \sim N(k\mu + b, k^2\sigma^2)$$

**例 2.5.4**　设随机变量 $X$ 的密度函数为

$$f_X(x) = \begin{cases} \dfrac{1}{x^2} \text{ , } x > 1 \\ 0 \text{ , } x \leqslant 1 \end{cases}$$

求 $Y = \lg X$ 的密度函数.

**解**　函数 $y = g(x) = \lg x$ 在 $(1, +\infty)$ 内严格单调且可导，其反函数为

$$x = h(y) = \mathrm{e}^y \text{ , } \qquad h'(y) = \mathrm{e}^y$$

由公式法得 $Y$ 的密度函数为

$$f_Y(y) = \begin{cases} \mathrm{e}^{-y}, \text{ } y > 0 \\ 0, \text{ } y \leqslant 0 \end{cases}$$

值得一提的是，连续型随机变量的函数有可能是离散型随机变量，如例 2.5.5.

**例 2.5.5**　设连续型随机变量 $X \sim U[-2,3]$ 且 $Y = \begin{cases} 2, & X \geqslant 0 \\ -3, & X < 0 \end{cases}$，求 $Y$ 的分布律.

**解**　设随机变量 $X$ 的密度函数为

$$f_X(x) = \begin{cases} \dfrac{1}{5} \text{ , } x \in [-2,3] \\ 0 \text{ , 其他} \end{cases}$$

随机变量 $Y$ 只有三种可能取值 $-3$、$0$、$2$.

$$P(Y = -3) = P(X < 0) = \int_{-\infty}^{0} f_X(x)\,\mathrm{d}x = \int_{-2}^{0} \frac{1}{5}\,\mathrm{d}x = 0.4$$

$$P(Y = 2) = P(X \geqslant 0) = \int_{0}^{+\infty} f_X(x)\,\mathrm{d}x = \int_{0}^{3} \frac{1}{5}\,\mathrm{d}x = 0.6$$

故 $Y$ 的分布律为

| $Y$ | $-3$ | $2$ |
|---|---|---|
| $P$ | 0.4 | 0.6 |

.

# 习 题 2

## (A)

1. 设某人向靶子射击五次，用 $X$ 表示击中靶子的次数，试引用随机变量表示下列事件：

(1) 五次射击中恰好击中两次；

(2) 至少击中两次；

(3) 至多击中三次；

(4) 至少有两次没有击中.

2. 袋中装有 6 个球，其中 4 个白球 2 个黑球，从中任取 2 个球，设取到的黑球数为 $X$，求 $X$ 的分布律.

3. 教室中有五名学生，编号为 1、2、3、4、5，从中任选三人，用 $X$ 表示选中的三名学生中的最大编号，求 $X$ 的分布律.

4. 设某人投篮的命中率为 0.7，求他一次投篮时命中次数 $X$ 的分布律及其分布函数.

5. 设随机变量 $X$ 的分布律为

$$P(X = k) = \frac{c}{3^k} \qquad (k = 0, 1, 2, \cdots)$$

求：(1) 常数 $c$；(2) $P(X \leqslant 2)$；(3) $P(X \geqslant 1)$.

6. 设随机变量 $X$ 的分布函数为

$$F(x) = \begin{cases} 0, & x < -1 \\ \dfrac{1}{4}, & -1 \leqslant x < 1 \\ \dfrac{1}{2}, & 1 \leqslant x < 2 \\ \dfrac{3}{5}, & 2 \leqslant x < 4 \\ 1, & x \geqslant 4 \end{cases}$$

求：(1) $X$ 的分布律；(2) $P(0 < X \leqslant 3)$.

7. 设离散型随机变量 $X$ 的分布律为

| $X$ | 0 | 1 | 2 |
|---|---|---|---|
| $P$ | $\dfrac{1}{4}$ | $\dfrac{1}{4} + \dfrac{q}{2}$ | $q^2$ |

求：(1) $q$ 的值；(2) $X$ 的分布函数；(3) $P(0.5 < X \leqslant 1.5)$.

8. 设 $X \sim P(\lambda)$ 且 $P(X = 1) = 2P(X = 2)$，求常数 $\lambda$ 和 $P(X = 4)$.

9. 设连续型随机变量 $X$ 的分布函数为

$$F(x) = \begin{cases} 0, & x < -a \\ A + B\arcsin \dfrac{x}{a}, & -a \leqslant x < a \text{，其中 } a > 0 \\ 1, & x \geqslant a \end{cases}$$

求：(1) 常数 $A, B$；(2) $P\left(-\dfrac{a}{2} < X \leqslant \dfrac{a}{2}\right)$.

10. 某养殖场有 500 只单独笼养的鸽子，在生长期内，每只鸽子患病的概率为 0.008，求患病的鸽子数不超过 10 只的概率.

11. 设某型号的射灯的寿命 $X$（单位：h）的密度函数为

$$f(x) = \begin{cases} \dfrac{100}{x^2}, & x \geqslant 100 \\ 0, & x < 100 \end{cases}$$

求：(1) 使用在 150h 以上的概率；

(2) 三只该型号的射灯使用了 150h 都不会坏的概率.

12. 设连续型随机变量 $X$ 的密度函数为

$$f(x) = \begin{cases} A\mathrm{e}^{-2x}, & x \geqslant 0 \\ 0, & x < 0 \end{cases}$$

求：(1) 常数 $A$；(2) $P(X > 0.5)$；(3) $X$ 的分布函数.

13. 设连续型随机变量 $X$ 的密度函数为

$$f(x) = \begin{cases} 3x^2, & 0 < x < A \\ 0, & \text{其他} \end{cases}$$

求：(1) 常数 $A$；(2) $P(0 < X < 0.5)$；(3) $X$ 的分布函数.

14. 设随机变量 $X \sim U[2,4]$，求方程 $t^2 + (X+1)t + 4 = 0$ 有实根的概率.

15. 设随机变量 $X$ 的分布函数为

$$F(x) = \begin{cases} 1 - (1+x)\mathrm{e}^{-x}, & x > 0 \\ 0, & x \leqslant 0 \end{cases}$$

求：(1) $X$ 的密度函数；(2) $P(X \leqslant 1)$.

16. 设 $X \sim N(0,1)$，通过查表求下列概率：

(1) $P(X < 1.5)$；(2) $P(X > 2.45)$；(3) $P(X < -0.99)$；(4) $P(|X| > 1.64)$.

17. 设 $X \sim N(1, 25)$，求下列概率：

(1) $P(X < 3.5)$；(2) $P(|X| < 3.25)$；(3) $P(-5 < X < 2)$；(4) $P(|X-1| > 3)$.

18. 设某厂生产的油缸长度 $X$（单位：cm）服从参数 $\mu = 10.05, \sigma = 0.06$ 的正态分布，规定长度在范围 $10.05 \pm 0.12$ 内为合格品，求油缸为合格品的概率.

19. 设某地区 20 岁男生的血压 $X$ 服从 $N(120, 12^2)$，在该地区任选一名 20 岁男生测其血压，若 $P(X > a) \leqslant 0.05$，求常数 $a$ 的最小值.

20. 设随机变量 $X$ 的分布律为

| $X$ | $-2$ | $-1$ | $0$ | $1$ | $2$ | $3$ |
|---|---|---|---|---|---|---|
| $P$ | $2a$ | $0.3$ | $a$ | $a$ | $2a$ | $a$ |

求：(1) 常数 $a$；(2) $Y=X^2$ 的分布律.

21. 设随机变量 $X$ 的密度函数为

$$f(x) = \begin{cases} 3x^3 e^{-x^2}, & x > 0 \\ 0, & 其他 \end{cases}$$

求 $Y=2X+1$ 的密度函数.

22. 设 $X \sim N(0, 1)$，求 $Y=2X^2+1$ 的密度函数.

23. 设随机变量 $X \sim E(1)$ 且 $Y = \begin{cases} 1, & X > 1 \\ 0, & X = 1 \\ -1, & X < 1 \end{cases}$，求 $Z = Y^2$ 的分布律.

## (B)

1. 设 $F_1(x)$ 和 $F_2(x)$ 分别为随机变量 $X$ 和 $Y$ 的分布函数，问：(1) $F_1(x) + F_2(x)$ 是否为某个随机变量的分布函数？(2) 若 $\alpha, \beta > 0$ 且 $\alpha + \beta = 1$，$\alpha F_1(x) + \beta F_2(x)$ 是否为某个随机变量的分布函数？

2. 用 $X$ 表示顾客在某餐厅等待入座的时间（单位：min），其密度函数为

$$f(x) = \begin{cases} 0.4e^{-0.4x}, & x > 0 \\ 0, & x \leqslant 0 \end{cases}$$

若等待时间超过 10min，他就离开. 求：(1) 顾客因等待时间过长而放弃的就餐的概率；(2) 若该顾客一个月内去餐厅 4 次，求他这 4 次中至多 1 次未等到而离开的概率.

3. 某工厂生产的灯泡的寿命 $X$（单位：h）服从参数为 $\mu = 160$，$\sigma$ 的正态分布，若要求 $P(110 \leqslant X \leqslant 210) \geqslant 0.85$，允许 $\sigma$ 最大为多少？

4. 若随机变量 $X$ 的分布律为

$$P(X = k) = \frac{2}{3^k} \qquad (k = 1, 2, \cdots)$$

求 $Y = \sin\left(\frac{\pi}{2} x\right)$ 的分布律.

5. 设随机变量 $X$ 的密度函数为

$$f(x) = \begin{cases} \dfrac{2}{\pi(1+x^2)}, & x > 0 \\ 0, & 其他 \end{cases}$$

求 $Y = \ln X$ 的密度函数.

# 第 3 章  二维随机变量及其分布

在上一章中讨论了一维随机变量，但在实际问题中有时候需要考虑两个或两个以上的随机变量，例如研究每天的温度、湿度等．问题常常不仅限于逐个研究各个随机变量的分布，还要考虑随机变量之间的关系．本章只讨论二维随机变量，对于更多维的随机变量可以此类推．

## §3.1  二维随机变量

### 一、二维随机变量及其分布函数

**定义 3.1.1**  设 $X$ 和 $Y$ 是两个随机变量，则称有序组 $(X, Y)$ 为**二维随机变量**．

$X$ 和 $Y$ 分别在 $x$ 轴和 $y$ 轴上取值，则对于二维随机变量 $(X, Y)$ 显然在 $xoy$ 平面上取值．它的性质不仅与 $X$ 和 $Y$ 有关，而且还依赖于这两个变量的相互关系．故我们必须将 $(X, Y)$ 作为一个整体加以研究．与一维情况类似，借助"分布函数"研究二维随机变量．

**定义 3.1.2**  设 $(X, Y)$ 是二维随机变量，$\forall (x, y) \in R^2$，称二元函数
$$F(x, y) = P(X \leqslant x, Y \leqslant y)$$
为 $(X, Y)$ 的**联合分布函数**．

$F(x, y)$ 是事件 $\{X \leqslant x, Y \leqslant y\}$ 的概率，也是事件 $\{X \leqslant x\} \bigcap \{Y \leqslant y\}$ 的概率．它表示随机点 $(X, Y)$ 落在以 $(x, y)$ 为顶点的左下方无穷区域内的概率，如图 3.1 所示．

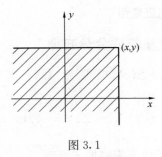

图 3.1

运用概率的加法公式并结合 $F(x, y)$ 的直观解释，容易得到随机点 $(X, Y)$ 落在矩形区域 $D = \{(x, y) | x_1 < x \leqslant x_2, y_1 < y \leqslant y_2\}$ 的概率为
$$P[(x, y) \in D] = P(x_1 < X \leqslant x_2, y_1 < Y \leqslant y_2)$$
$$= F(x_2, y_2) - F(x_1, y_2) - F(x_2, y_1) + F(x_1, y_1)$$
其中区域 $D$ 如图 3.2 所示．

43

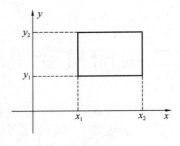

图 3.2

## 二、联合分布函数的性质

二维随机变量 $(X, Y)$ 的联合分布函数 $F(x, y)$ 具有以下性质：

(1) 有界性：对任意的实数 $x$, $y$, 有 $0 \leqslant F(x, y) \leqslant 1$；

(2) 单调不减性：对任意固定的 $y$, 当 $x_1 < x_2$ 时，有 $F(x_1, y) \leqslant F(x_2, y)$,
　　　　　　　　对任意固定的 $x$, 当 $y_1 < y_2$ 时，有 $F(x, y_1) \leqslant F(x, y_2)$；

(3) 规范性：对固定的 $y$, 有 $F(-\infty, y) = 0$, 对固定的 $x$, 有 $F(x, -\infty) = 0$,
　　　　　　且 $F(-\infty, -\infty) = 0$, $F(+\infty, +\infty) = 1$；

(4) 右连续性：$F(x, y) = F(x+0, y)$, $F(x, y) = F(x, y+0)$；

(5) 对任意的实数 $x_1 < x_2$, $y_1 < y_2$, 有
$$0 \leqslant F(x_2, y_2) - F(x_1, y_2) - F(x_2, y_1) + F(x_1, y_1) \leqslant 1.$$

# §3.2　二维离散型随机变量

## 一、二维离散型随机变量的定义

**定义 3.2.1**　若二维随机变量 $(X, Y)$ 的所有可能取值是有限个或可列无穷多个，则称 $(X, Y)$ 为**二维离散型随机变量**.

## 二、二维离散型随机变量的联合分布律

**定义 3.2.2**　设二维离散型随机变量 $(X, Y)$ 所有可能取值为 $(x_i, y_j)$ $(i, j = 1, 2, \cdots)$，则称

$$P\left[(X, Y) = (x_i, y_j)\right] \stackrel{\text{记为}}{=} P(X = x_i, Y = y_j) = p_{ij} \quad (i, j = 1, 2, \cdots)$$

为 $(X, Y)$ 的**联合分布律**.

$(X, Y)$ 的联合分布律常用以下表格形式给出

| X \ Y | $y_1$ | $y_2$ | $\cdots$ | $y_j$ | $\cdots$ |
|---|---|---|---|---|---|
| $x_1$ | $p_{11}$ | $p_{12}$ | $\cdots$ | $p_{1j}$ | $\cdots$ |
| $x_2$ | $p_{21}$ | $p_{22}$ | $\cdots$ | $p_{2j}$ | $\cdots$ |
| $\vdots$ | $\vdots$ | $\vdots$ | $\vdots$ | $\vdots$ | $\vdots$ |
| $x_i$ | $p_{i1}$ | $p_{i2}$ | $\cdots$ | $p_{ij}$ | $\cdots$ |
| $\vdots$ | $\vdots$ | $\vdots$ | $\vdots$ | $\vdots$ | $\vdots$ |

由概率的定义知，$p_{ij}$ 满足

(1) 非负性：$p_{ij} \geqslant 0$ $(i,j = 1, 2, \cdots)$；

(2) 规范性：$\sum\limits_{i=1}^{\infty} \sum\limits_{j=1}^{\infty} p_{ij} = 1$.

**例 3.2.1**　现有 10 件产品，其中 7 件正品、3 件次品，对其分别进行无放回和有放回地抽取 2 次，每次 1 件，记 $X_i = \begin{cases} 0, & \text{第 } i \text{ 次取得正品} \\ 1, & \text{第 } i \text{ 次取得次品} \end{cases}$ $(i = 1,2)$.

求：(1) $(X_1, X_2)$ 的联合分布律；(2) $P(X_1 \geqslant X_2)$；(3) $F(1,0)$.

**解**　（Ⅰ）无放回的情况

由题意，$X_1$，$X_2$ 的可能取值均为 0、1.

$$P(X_1 = 0, X_2 = 0) = P(X_1 = 0) \cdot P(X_2 = 0 \mid X_1 = 0) = \frac{7}{10} \cdot \frac{6}{9} = \frac{7}{15}$$

同理

$$P(X_1 = 0, X_2 = 1) = \frac{7}{10} \cdot \frac{3}{9} = \frac{7}{30}$$

$$P(X_1 = 1, X_2 = 0) = \frac{3}{10} \cdot \frac{7}{9} = \frac{7}{30}$$

$$P(X_1 = 1, X_2 = 1) = \frac{3}{10} \cdot \frac{2}{9} = \frac{1}{15}$$

故 (1) $(X_1, X_2)$ 的联合分布律为

| $X_1$ \ $X_2$ | 0 | 1 |
|---|---|---|
| 0 | $\frac{7}{15}$ | $\frac{7}{30}$ |
| 1 | $\frac{7}{30}$ | $\frac{1}{15}$ |

(2) $P(X_1 \geqslant X_2) = 1 - P(X_1 = 0, X_2 = 1) = \dfrac{23}{30}$

(3) $F(1,0) = P(X_1 \leqslant 1, X_2 \leqslant 0)$
$\qquad\quad = P(X_1 = 0, X_2 = 0) + P(X_1 = 1, X_2 = 0)$
$\qquad\quad = \dfrac{7}{10}$

（Ⅱ）有放回的情况

由题意，$X_1$，$X_2$ 的可能取值均为 0,1.

$$P(X_1 = 0, X_2 = 0) = P(X_1 = 0) \cdot P(X_2 = 0) = \frac{7}{10} \cdot \frac{7}{10} = 0.49$$

同理

$$P(X_1 = 0, X_2 = 1) = \frac{7}{10} \cdot \frac{3}{10} = 0.21$$

$$P(X_1 = 1, X_2 = 0) = \frac{3}{10} \cdot \frac{7}{10} = 0.21$$

$$P(X_1 = 1, X_2 = 1) = \frac{3}{10} \cdot \frac{3}{10} = 0.09$$

故 (1)（$X_1, X_2$）的联合分布律为

| $X_2$ $X_1$ | 0 | 1 |
|---|---|---|
| 0 | 0.49 | 0.21 |
| 1 | 0.21 | 0.09 |

(2) $P(X_1 \geqslant X_2) = 1 - P(X_1 = 0, X_2 = 1) = 0.79$

(3) $F(1,0) = P(X_1 \leqslant 1, X_2 \leqslant 0)$
$$= P(X_1 = 0, X_2 = 0) + P(X_1 = 1, X_2 = 0)$$
$$= 0.7$$

# §3.3　二维连续型随机变量

本节讨论非离散型随机变量中非常重要的连续型随机变量.

## 一、二维连续型随机变量及其联合概率密度

**定义 3.3.1**　若对于二维随机变量（$X, Y$）的联合分布函数 $F(x, y)$，存在一个非负可积函数 $f(x, y)$，使得对于任意的实数 $x, y$，都有

$$F(x, y) = \int_{-\infty}^{y} \int_{-\infty}^{x} f(u, v) \mathrm{d}u \mathrm{d}v$$

则称（$X, Y$）为**二维连续型随机变量**，$f(x, y)$ 为（$X, Y$）的**联合概率密度函数**，简称**联合密度函数**.

## 二、联合密度函数的性质

二维连续型随机变量 $(X, Y)$ 的联合密度函数 $f(x, y)$ 具有下列性质：

(1) 非负性：对任意的实数 $x, y$，$f(x, y) \geqslant 0$；

(2) 规范性：$\int_{-\infty}^{+\infty} \int_{-\infty}^{+\infty} f(x, y) \mathrm{d}x \mathrm{d}y = 1$；

(3) 当 $f(x, y)$ 在点（$x, y$）处连续时，有

$$\frac{\partial^2 F(x, y)}{\partial x \partial y} = f(x, y);$$

(4) 设 $D$ 是平面 $xoy$ 上的区域，则随机点（$X, Y$）落入 $D$ 内的概率为

$$P[(X, Y) \in D] = \iint\limits_{D} f(x, y) \mathrm{d}x \mathrm{d}y.$$

**例 3.3.1**　设连续型随机变量（$X, Y$）的联合密度函数为

$$f(x, y) = \begin{cases} A e^{-(2x+y)}, & x, y \geqslant 0 \\ 0, & \text{其他} \end{cases}$$

求：(1) 常数 $A$；(2) 联合分布函数 $F(x, y)$；(3) $P(Y \leqslant X)$.

**解** （1）由规范性

$$\int_{-\infty}^{+\infty}\int_{-\infty}^{+\infty}f(x,y)\mathrm{d}x\mathrm{d}y = 1$$

即

$$\int_0^{+\infty}\int_0^{+\infty}A\mathrm{e}^{-(2x+y)}\mathrm{d}x\mathrm{d}y = A\int_0^{+\infty}\mathrm{e}^{-2x}\mathrm{d}x \cdot \int_0^{+\infty}\mathrm{e}^{-y}\mathrm{d}y = \frac{1}{2}A = 1$$

$$A = 2$$

（2）当 $x \geqslant 0, y \geqslant 0$ 时

$$F(x,y) = \int_{-\infty}^{y}\int_{-\infty}^{x}f(u,v)\mathrm{d}u\mathrm{d}v = \int_0^y\int_0^x 2\mathrm{e}^{-(2u+v)}\mathrm{d}u\mathrm{d}v = (1-\mathrm{e}^{-2x})(1-\mathrm{e}^{-y})$$

当其他情形时，$\qquad F(x,y) = \int_{-\infty}^{y}\int_{-\infty}^{x}f(u,v)\mathrm{d}u\mathrm{d}v = 0$

故联合分布函数为

$$F(x,y) = \begin{cases} (1-\mathrm{e}^{-2x})(1-\mathrm{e}^{-y}), & x,y \geqslant 0 \\ 0, & \text{其他} \end{cases}$$

（3）将 $(X, Y)$ 看作是平面上随机点的坐标，则有

$$\{Y \leqslant X\} = \{(X,Y) \in D\}$$

其中 $D = \{(x,y) \mid y \leqslant x\}$。

区域 $D = \{(x,y) \mid y \leqslant x\}$ 与联合密度函数 $f(x,y)$ 取值非零的区域 $\{(x,y) \mid x,y \geqslant 0\}$ 的重叠部分记为 $D'$，如图 3.3 中阴影部分所示。

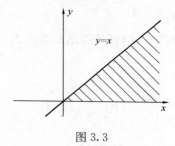

图 3.3

于是

$$P(Y \leqslant X) = P[(X,Y) \in D]$$

$$= \iint_D f(x,y)\mathrm{d}x\mathrm{d}y$$

$$= \iint_{D'} f(x,y)\mathrm{d}x\mathrm{d}y$$

$$= \int_0^{+\infty}\left[\int_0^x f(x,y)\mathrm{d}y\right]\mathrm{d}x$$

$$= \int_0^{+\infty}\left[\int_0^x 2\mathrm{e}^{-(2x+y)}\mathrm{d}y\right]\mathrm{d}x$$

$$= \frac{1}{3}$$

**例 3.3.2** 设随机变量 $(X,Y)$ 的联合分布函数为

$$F(x,y) = \frac{1}{\pi^2}\left(\frac{\pi}{2} + \arctan x\right)\left(\frac{\pi}{2} + \arctan y\right)$$

求 $(X,Y)$ 的联合密度函数 $f(x,y)$.

**解** 因为

$$\frac{\partial^2 F(x,y)}{\partial x \partial y} = \frac{1}{\pi^2}\frac{1}{(1+x^2)(1+y^2)}$$

在整个 $xoy$ 平面上连续, 所以 $(X,Y)$ 的联合密度函数存在, 且

$$f(x,y) = \frac{1}{\pi^2}\frac{1}{(1+x^2)(1+y^2)}, \quad (x,y) \in R^2.$$

### 三、常用的二维连续型分布

#### 1. 二维均匀分布

若 $(X, Y)$ 的联合密度函数为

$$f(x,y) = \begin{cases} \dfrac{1}{S_D}, & (x,y) \in D \\ 0, & \text{其他} \end{cases}$$

其中 $S_D$ 为平面区域 $D$ 的面积, 则称 $(X, Y)$ 在区域 $D$ 上服从均匀分布.

**例 3.3.3** 设随机变量 $(X,Y)$ 在区域 $D = \{(x,y) \mid 0 < x < 1, 0 < y < x\}$ 上服从均匀分布, 求 $(X,Y)$ 的联合密度函数.

**解** 区域 $D$ 是一个三角形区域, 很容易得出其面积 $S_D = \dfrac{1}{2}$ , 所以 $(X,Y)$ 的联合密度函数为

$$f(x,y) = \begin{cases} 2, & (x,y) \in D \\ 0, & \text{其他} \end{cases}.$$

#### 2. 二维正态分布

若二维随机变量 $(X, Y)$ 的联合密度函数为

$$f(x,y) = \frac{1}{2\pi\, \sigma_1\sigma_2\sqrt{1-\rho^2}}e^{-\frac{1}{2(1-\rho^2)}\left[\frac{(x-\mu_1)^2}{\sigma_1^2} - 2\rho \cdot \frac{x-\mu_1}{\sigma_1} \cdot \frac{y-\mu_2}{\sigma_2} + \frac{(y-\mu_2)^2}{\sigma_2^2}\right]}$$

其中 $\mu_1$、$\mu_2$、$\sigma_1$、$\sigma_2$、$\rho$ 都是常数, $\sigma_1$、$\sigma_2 > 0$ 且 $|\rho| < 1$ , 则称 $(X,Y)$ 服从二维正态分布, 记为 $(X, Y) \sim N(\mu_1, \mu_2, \sigma_1^2, \sigma_2^2, \rho)$.

# §3.4   边缘分布

## 一、边缘分布的概念

二维随机变量 $(X, Y)$ 中每个分量 $X$ 和 $Y$ 的分布函数, 称为边缘分布函数.

**定义 3.4.1** 设 $(X, Y)$ 的联合分布函数 $F(x,y)$, 则称

$$P(X \leqslant x) = P(X \leqslant x, Y < +\infty) = \lim_{y \to +\infty} P(X \leqslant x, Y \leqslant y) = \lim_{y \to +\infty} F(x,y) =$$

$F(x, +\infty)$ 为 $X$ 的**边缘分布函数**，记为 $F_X(x)$. 类似地，称

$$P(Y \leqslant y) = P(X < +\infty, Y \leqslant y) = F(+\infty, y)$$

为 $Y$ 的边缘分布函数，记为 $F_Y(y)$.

因此，联合分布函数可唯一确定边缘分布函数.

**例 3.4.1**　设二维随机变量 $(X, Y)$ 的联合分布函数为

$$F(x,y) = \frac{1}{\pi^2}\left(\frac{\pi}{2} + \arctan x\right)\left(\frac{\pi}{2} + \arctan y\right)(x, y \in R)$$

求 $(X, Y)$ 关于 $X$ 和 $Y$ 的边缘分布函数.

**解**　关于 $X$ 的边缘分布函数为

$$F_X(x) = F(x, +\infty) = \lim_{y \to +\infty} F(x,y) = \frac{1}{\pi}\left(\frac{\pi}{2} + \arctan x\right), \ -\infty < x < +\infty$$

关于 $Y$ 的边缘分布函数为

$$F_Y(y) = F(+\infty, y) = \lim_{x \to +\infty} F(x,y) = \frac{1}{\pi}\left(\frac{\pi}{2} + \arctan y\right), \ -\infty < y < +\infty$$

## 二、二维离散型随机变量的边缘分布律

**定义 3.4.2**　设 $(X, Y)$ 的联合分布律为 $P(X = x_i, Y = y_j) = p_{ij}(i, j = 1, 2, \cdots)$，称

$$P(X = x_i) = P(X = x_i, Y < +\infty) = P\left[X = x_i, \sum_j (Y = y_j)\right] = \sum_{j=1}^{\infty} p_{ij} \stackrel{\text{记为}}{=} p_{i \cdot},$$

$(i = 1, 2, \cdots)$ 为 $X$ 的**边缘分布律**. 类似地，称

$$P(Y = y_j) = \sum_{i=1}^{\infty} p_{ij} \stackrel{\text{记为}}{=} p_{\cdot j}, \ (j = 1, 2, \cdots)$$

为 $Y$ 的边缘分布律.

边缘分布律在 $(X, Y)$ 的联合分布律的表格上很容易求得，即对表中的行、列分别求和.

**例 3.4.2**　将一枚硬币连掷三次，以 $X$ 表示三次试验中出现正面的次数，$Y$ 表示三次试验中出现正面的次数与出现反面的次数的差的绝对值. 求 $(X, Y)$ 的联合分布律及关于 $X$ 和 $Y$ 的边缘分布律.

**解**　$X$ 的所有可能取值为 0、1、2、3，$Y$ 的所有可能取值为 1、3，所以 $(X, Y)$ 的可能取值只有 $(0,3)$、$(1,1)$、$(2,1)$ 和 $(3,3)$，并且

$$P(X = 0, Y = 3) = \left(\frac{1}{2}\right)^3 = \frac{1}{8}$$

$$P(X = 1, Y = 1) = C_3^1 \left(\frac{1}{2}\right)^1 \left(\frac{1}{2}\right)^2 = \frac{3}{8}$$

$$P(X = 2, Y = 1) = C_3^2 \left(\frac{1}{2}\right)^2 \left(\frac{1}{2}\right) = \frac{3}{8}$$

$$P(X = 3, Y = 3) = \left(\frac{1}{2}\right)^3 = \frac{1}{8}$$

则 $(X, Y)$ 的联合分布律及关于 $X$ 和 $Y$ 的边缘分布律表示如下：

| X \ Y | 1 | 3 | $p_i.$ |
|---|---|---|---|
| 0 | 0 | $\frac{1}{8}$ | $\frac{1}{8}$ |
| 1 | $\frac{3}{8}$ | 0 | $\frac{3}{8}$ |
| 2 | $\frac{3}{8}$ | 0 | $\frac{3}{8}$ |
| 3 | 0 | $\frac{1}{8}$ | $\frac{1}{8}$ |
| $p._j$ | $\frac{3}{4}$ | $\frac{1}{4}$ | |

### 三、二维连续型随机变量的边缘密度函数

设二维随机变量 $(X, Y)$ 的联合密度函数和联合分布函数分别为 $f(x, y)$ 和 $F(x, y)$，则 $(X, Y)$ 关于 $X$ 的边缘分布函数为

$$F_X(x) = F(x, +\infty) = \int_{-\infty}^{+\infty} \int_{-\infty}^{x} f(u, v) \mathrm{d}u \mathrm{d}v$$

$$= \int_{-\infty}^{x} \left[ \int_{-\infty}^{+\infty} f(u, v) \mathrm{d}v \right] \mathrm{d}u$$

由此可知，$X$ 是连续型随机变量，则其密度函数为 $\int_{-\infty}^{+\infty} f(x, y) \mathrm{d}y$；同理，$Y$ 也是连续型随机变量，其密度函数为 $\int_{-\infty}^{+\infty} f(x, y) \mathrm{d}x$.

由此我们得到如下定义．

**定义 3.4.3** 设二维随机变量 $(X, Y)$ 的联合密度函数为 $f(x, y)$，则称

$$f_X(x) = \int_{-\infty}^{+\infty} f(x, y) \mathrm{d}y \qquad (-\infty < x < +\infty)$$

为 $(X, Y)$ 关于 $X$ 的**边缘密度函数**．类似地，

$$f_Y(y) = \int_{-\infty}^{+\infty} f(x, y) \mathrm{d}x \qquad (-\infty < y < +\infty)$$

为 $(X, Y)$ 关于 $Y$ 的**边缘密度函数**．

**例 3.4.3** 设随机变量 $(X, Y)$ 的联合密度函数为

$$f(x, y) = \begin{cases} 1, & 0 \leqslant y \leqslant 1, y-1 \leqslant x \leqslant 1-y \\ 0, & \text{其他} \end{cases}$$

求 $(X, Y)$ 关于 $X$ 和 $Y$ 的边缘密度函数 $f_X(x), f_Y(y)$.

**解** 由定义知

$$f_X(x) = \int_{-\infty}^{+\infty} f(x, y) \mathrm{d}y$$

$$= \begin{cases} \int_{0}^{1+x} 1 \mathrm{d}y = 1+x, & -1 \leqslant x < 0 \\ \int_{0}^{1-x} 1 \mathrm{d}y = 1-x, & 0 \leqslant x < 1 \\ 0, & \text{其他} \end{cases}$$

即
$$f_X(x) = \begin{cases} 1+x, & -1 \leqslant x < 0 \\ 1-x, & 0 \leqslant x < 1 \\ 0, & \text{其他} \end{cases}$$

同理
$$f_Y(y) = \int_{-\infty}^{+\infty} f(x,y)\mathrm{d}x$$
$$= \begin{cases} \int_{y-1}^{1-y} 1\mathrm{d}x = 2-2y, & 0 \leqslant y \leqslant 1 \\ 0, & \text{其他} \end{cases}$$

即
$$f_Y(y) = \begin{cases} 2-2y, & 0 \leqslant y \leqslant 1 \\ 0, & \text{其他} \end{cases}$$

**例 3.4.4**　设二维随机变量 $(X, Y) \sim N(\mu_1, \mu_2, \sigma_1^2, \sigma_2^2, \rho)$，求 $(X, Y)$ 关于 $X$ 和 $Y$ 的边缘密度函数．

**解**　由定义得

$$f_X(x) = \int_{-\infty}^{+\infty} f(x,y)\mathrm{d}y$$

$$= \int_{-\infty}^{+\infty} \frac{1}{2\pi\,\sigma_1\sigma_2\sqrt{1-\rho^2}} \exp\left\{-\frac{1}{2(1-\rho^2)}\cdot \right.$$

$$\left. \left[ \frac{(x-\mu_1)^2}{\sigma_1^2} - 2\rho \cdot \frac{x-\mu_1}{\sigma_1} \cdot \frac{y-\mu_2}{\sigma_2} + \frac{(y-\mu_2)^2}{\sigma_2^2} \right] \right\}\mathrm{d}x\mathrm{d}y$$

而

$$\frac{(x-\mu_1)^2}{\sigma_1^2} - 2\rho \cdot \frac{x-\mu_1}{\sigma_1} \cdot \frac{y-\mu_2}{\sigma_2} + \frac{(y-\mu_2)^2}{\sigma_2^2}$$

$$= \left[ \frac{y-\mu_2}{\sigma_2} - \rho \cdot \frac{x-\mu_1}{\sigma_1} \right]^2 + (1-\rho^2) \cdot \frac{(x-\mu_1)^2}{\sigma_1^2}$$

于是

$$f_X(x) = \frac{1}{\sqrt{2\pi}\sigma_1} \mathrm{e}^{-\frac{(x-\mu_1)^2}{2\sigma_1^2}} \int_{-\infty}^{+\infty} \frac{1}{\sqrt{2\pi}\sigma_2\sqrt{1-\rho^2}} \exp\left\{ -\frac{1}{2(1-\rho^2)} \left[ \frac{y-\mu_2}{\sigma_2} - \rho \cdot \frac{x-\mu_1}{\sigma_1} \right]^2 \right\}\mathrm{d}y$$

$$f_X(x) = \frac{1}{2\pi\sigma_1\sqrt{1-\rho^2}} \mathrm{e}^{-\frac{(x-\mu_1)^2}{2\sigma_1^2}} \int_{-\infty}^{+\infty} \exp\left\{ -\frac{1}{2(1-\rho^2)} \left[ t - \frac{\rho(x-\mu_1)}{\sigma_1} \right]^2 \right\}\mathrm{d}t，\text{ 其中 } t = \frac{y-\mu_2}{\sigma_2}$$

再令 $u = \dfrac{1}{\sqrt{2(1-\rho^2)}} \left[ \dfrac{y-\mu_2}{\sigma_2} - \rho \cdot \dfrac{x-\mu_1}{\sigma_1} \right]$，又 $\displaystyle\int_{-\infty}^{+\infty} \mathrm{e}^{-x^2}\mathrm{d}x = \sqrt{\pi}$，可得 $(X,Y)$ 关于 $X$ 的边缘密度函数为

$$f_X(x) = \frac{1}{\sqrt{2\pi}\,\sigma_1} \mathrm{e}^{-\frac{(x-\mu_1)^2}{2\sigma_1^2}} \quad (-\infty < x < +\infty)$$

同理可得

$$f_Y(y) = \frac{1}{\sqrt{2\pi}\,\sigma_2} \mathrm{e}^{-\frac{(y-\mu_2)^2}{2\sigma_2^2}} \quad (-\infty < y < +\infty)$$

从这个例子中我们可以看到，二维正态分布的两个边缘分布都是一维正态分布，即 $X \sim N(\mu_1, \sigma_1^2)$，$Y \sim N(\mu_2, \sigma_2^2)$，并且不依赖于参数 $\rho$，也就是说，对于不同的 $\rho$，$(X, Y)$ 服从不同的二维正态分布，但是它们的边缘分布却是完全一样的. 这一事实表明，只由关于 $X$ 和 $Y$ 的边缘分布并不能确定 $(X, Y)$ 的联合分布，还需进一步研究 $X$ 和 $Y$ 的关系.

# §3.5 二维随机变量的独立性

在第 1 章中我们介绍了随机事件的独立性，本节将研究随机变量的相互独立性.

## 一、独立性的定义

**定义 3.5.1** 设二维随机变量 $(X, Y)$ 的联合分布函数和边缘分布函数分别是 $F(x, y)$，$F_X(x)$，$F_Y(y)$. 若对于 $\forall x, y \in R$，都有

$$P(X \leqslant x, Y \leqslant y) = P(X \leqslant x) \cdot P(Y \leqslant y)$$

即

$$F(x, y) = F_X(x) \cdot F_Y(y)$$

成立，则称随机变量 $X$ 和 $Y$ **相互独立**.

## 二、二维离散型随机变量的独立性

**定理 3.5.1** 设二维离散型随机变量 $(X, Y)$ 的联合分布律为

$$P(X = x_i, Y = y_j) = p_{ij}, \quad (i, j = 1, 2, \cdots)$$

若对于任意的 $x_i$ 和 $y_j$，都有

$$P(X = x_i, Y = y_j) = P(x = x_i) \cdot P(Y = y_j)$$

即

$$p_{ij} = p_{i.} \cdot p_{.j}, \quad (i, j = 1, 2, \cdots)$$

其中 $p_{i.}$，$p_{.j}$ 分别是 $(X, Y)$ 关于 $X$ 和 $Y$ 的边缘分布函数，则称随机变量 $X$ 和 $Y$ 相互独立.

**例 3.5.1**（参考例 3.2.1）现有 10 件产品，其中 7 件正品、3 件次品，对其进行有放回地抽取 2 次，每次 1 件，记 $X_i = \begin{cases} 0, & \text{第 } i \text{ 次取得正品} \\ 1, & \text{第 } i \text{ 次取得次品} \end{cases}$ $(i = 1, 2)$. 判断 $X$ 与 $Y$ 是否相互独立？

**解**（$X_1, X_2$）的联合分布律及边缘分布律表示如下：

| $X_1$ \ $X_2$ | 0 | 1 | $p_{i.}$ |
|---|---|---|---|
| 0 | 0.49 | 0.21 | 0.7 |
| 1 | 0.21 | 0.09 | 0.3 |
| $p_{.j}$ | 0.7 | 0.3 | |

对任意的 $i$、$j$，均有

$$p_{ij} = p_{i.} \cdot p_{.j}, \quad (i, j = 1, 2)$$

故 $X_1$ 和 $X_2$ 相互独立.

**例 3.5.2** 若随机变量 $X$ 和 $Y$ 相互独立，并且它们的分布律分别为

| $X$ | $-2$ | $0$ |
|---|---|---|
| $P$ | $\frac{1}{4}$ | $\frac{3}{4}$ |

和

| $Y$ | $1$ | $3$ |
|---|---|---|
| $P$ | $\frac{2}{5}$ | $\frac{3}{5}$ |

求二维随机变量 $(X,Y)$ 的联合分布律.

**解** 由于 $X$ 和 $Y$ 相互独立，所以对于 $\forall i,j$，有 $p_{ij} = p_{i\cdot} \cdot p_{\cdot j}(i,j=1,2)$.

| $X$ \ $Y$ | $1$ | $3$ | $p_{i\cdot}$ |
|---|---|---|---|
| $-2$ | $\frac{2}{20}$ | $\frac{3}{20}$ | $\frac{1}{4}$ |
| $0$ | $\frac{6}{20}$ | $\frac{9}{20}$ | $\frac{3}{4}$ |
| $p_{\cdot j}$ | $\frac{2}{5}$ | $\frac{3}{5}$ | |

可见，两个相互独立的一维随机变量可唯一确定它们的联合分布.

### 三、二维连续型随机变量的独立性

**定理 3.5.2** 设二维连续型随机变量 $(X,Y)$ 的联合密度函数和边缘密度函数分别为 $f(x,y)$，$f_X(x)$，$f_Y(y)$，若对于 $\forall x,y \in R$，都有
$$f(x,y) = f_X(x) \cdot f_Y(y)$$
成立，则称 $X$ 与 $Y$ 相互独立.

**例 3.5.3** 设连续型随机变量 $(X,Y)$ 的联合密度函数为
$$f(x,y) = \begin{cases} 2e^{-(2x+y)}, & x,y \geqslant 0 \\ 0, & 其他 \end{cases}$$
判断 $X$ 与 $Y$ 是否相互独立？

**解** 由于
$$f_X(x) = \int_{-\infty}^{+\infty} f(x,y)\mathrm{d}y$$
$$= \begin{cases} \int_0^{+\infty} 2e^{-(2x+y)}\mathrm{d}y = 2e^{-2x}, & x \geqslant 0 \\ 0, & 其他 \end{cases}$$

即
$$f_X(x) = \begin{cases} 2e^{-2x}, & x \geqslant 0 \\ 0, & 其他 \end{cases}$$

同理，
$$f_Y(y) = \begin{cases} e^{-y}, & y \geqslant 0 \\ 0, & \text{其他} \end{cases}$$

显然，$f(x,y) = f_X(x) \cdot f_Y(y)$，故 $X$ 与 $Y$ 相互独立.

**例 3.5.4** 设 $(X,Y) \sim N(\mu_1, \mu_2, \sigma_1^2, \sigma_2^2, \rho)$，证明：$X$ 和 $Y$ 相互独立的充要条件是 $\rho = 0$.

**证明** 必要性 $(X,Y)$ 的联合密度函数为

$$f(x,y) = \frac{1}{2\pi \sigma_1 \sigma_2 \sqrt{1-\rho^2}} e^{-\frac{1}{2(1-\rho^2)}\left[\frac{(x-\mu_1)^2}{\sigma_1^2} - 2\rho \cdot \frac{x-\mu_1}{\sigma_1} \cdot \frac{y-\mu_2}{\sigma_2} + \frac{(y-\mu_2)^2}{\sigma_2^2}\right]}$$

由例 3.4.4 知，关于 $X$ 和 $Y$ 的边缘函数密度为

$$f_X(x) = \frac{1}{\sqrt{2\pi}\sigma_1} e^{-\frac{(x-\mu_1)^2}{2\sigma_1^2}}, \quad f_Y(y) = \frac{1}{\sqrt{2\pi}\sigma_2} e^{-\frac{(y-\mu_2)^2}{2\sigma_2^2}}$$

由于 $X$ 和 $Y$ 相互独立，故对于 $\forall x, y \in R$，有
$$f(x,y) = f_X(x) \cdot f_Y(y)$$

取 $x = \mu_1$，$y = \mu_2$，则

$$\frac{1}{2\pi\sigma_1\sigma_2\sqrt{1-\rho^2}} = \frac{1}{\sqrt{2\pi}\sigma_1} \cdot \frac{1}{\sqrt{2\pi}\sigma_2}$$

可得 $\rho = 0$.

充分性 当 $\rho = 0$ 时，显然对于 $\forall x, y \in R$，都有 $f(x,y) = f_X(x) \cdot f_Y(y)$ 成立，则 $X$ 和 $Y$ 相互独立.

# §3.6 二维随机变量的函数的分布

设 $(X, Y)$ 为二维随机变量，$g(x, y)$ 为二元函数. 类似于一维随机变量的函数的分布，$Z = g(X, Y)$ 也是一个随机变量，并且是一维的. 下面分情况进行讨论.

## 一、离散型随机变量的函数的分布

先介绍一个例子.

**例 3.6.1** 设 $(X, Y)$ 的分布律为

| X \ Y | 0 | 1 | 2 |
|---|---|---|---|
| 0 | $\frac{1}{6}$ | $\frac{1}{6}$ | 0 |
| 2 | $\frac{2}{6}$ | $\frac{1}{6}$ | $\frac{1}{6}$ |

求：(1) $Z_1 = X + Y$ 的分布律；(2) $Z_2 = XY$ 的分布律.

**解** 由 $(X, Y)$ 的分布律表示如下：

| $P$ | $\frac{1}{6}$ | $\frac{1}{6}$ | 0 | $\frac{2}{6}$ | $\frac{1}{6}$ | $\frac{1}{6}$ |
|---|---|---|---|---|---|---|
| $(X, Y)$ | $(0, 0)$ | $(0, 1)$ | $(0, 2)$ | $(2, 0)$ | $(2, 1)$ | $(2, 2)$ |
| $Z_1 = X + Y$ | 0 | 1 | 2 | 2 | 3 | 4 |
| $Z_2 = XY$ | 0 | 0 | 0 | 0 | 2 | 4 |

则（1）$Z_1 = X + Y$ 的分布律为

| $Z_1 = X + Y$ | 0 | 1 | 2 | 3 | 4 |
|---|---|---|---|---|---|
| $P$ | $\frac{1}{6}$ | $\frac{1}{6}$ | $\frac{2}{6}$ | $\frac{1}{6}$ | $\frac{1}{6}$ |

（2）$Z_2 = XY$ 的分布律为

| $Z_2 = XY$ | 0 | 2 | 4 |
|---|---|---|---|
| $P$ | $\frac{4}{6}$ | $\frac{1}{6}$ | $\frac{1}{6}$ |

一般地，若二维离散型随机变量$(X, Y)$的联合分布律为 $P(X = x_i, Y = y_j) = p_{ij}$，$(i, j = 1, 2, \cdots)$，$g(x, y)$为二元函数，则$Z = g(X, Y)$是一维离散型随机变量，其分布律为

$$P(Z = z_k) = P[g(X, Y) = z_k] = \sum_{\substack{i, j \\ g(x_i, y_j) = z_k}} p_{ij}, \quad (i, j = 1, 2, \cdots)$$

**例 3.6.2**　设 $X \sim P(\lambda_1)$，$Y \sim P(\lambda_2)$，且 $X$ 与 $Y$ 相互独立，证明：$X + Y \sim P(\lambda_1 + \lambda_2)$.

**证明**　由 $X \sim P(\lambda_1)$，$Y \sim P(\lambda_2)$ 知

$$P(X = k) = \frac{\lambda_1^k}{k!} \mathrm{e}^{-\lambda_1}, \quad k = 0, 1, 2, \cdots$$

$$P(Y = k) = \frac{\lambda_2^k}{k!} \mathrm{e}^{-\lambda_2}, \quad k = 0, 1, 2, \cdots$$

则 $X + Y$ 的所有可能取值为 $0, 1, 2, \cdots$，而

$$P(X + Y = n) = P\Big[ \sum_{k=0}^{n} (X = k, Y = n - k) \Big]$$

$$= \sum_{k=0}^{n} P(X = k, Y = n - k)$$

又因为 $X$ 与 $Y$ 相互独立，则

$$P(X + Y = n) = \sum_{k=0}^{n} \frac{\lambda_1^k}{k!} \mathrm{e}^{-\lambda_1} \cdot \frac{\lambda_2^{n-k}}{(n-k)!} \mathrm{e}^{-\lambda_2}$$

$$= \mathrm{e}^{-(\lambda_1 + \lambda_2)} \sum_{k=0}^{n} \frac{\lambda_1^k}{k!} \cdot \frac{\lambda_2^{n-k}}{(n-k)!}$$

$$= \frac{e^{-(\lambda_1+\lambda_2)}}{n!} \sum_{k=0}^{n} C_n^k \lambda_1^k \lambda_2^{n-k}$$

$$= \frac{e^{-(\lambda_1+\lambda_2)}}{n!} (\lambda_1+\lambda_2)^n$$

$$= \frac{(\lambda_1+\lambda_2)^n}{n!} e^{-(\lambda_1+\lambda_2)}, \quad n=0,1,2,\cdots$$

则 $X+Y \sim P(\lambda_1+\lambda_2)$.

这个结论说明泊松分布具有可加性.

注意：二项分布也具有可加性，即若 $X \sim B(n_1, p), Y \sim B(n_2, p)$，且 $X$ 与 $Y$ 相互独立，则 $X+Y \sim B(n_1+n_2, p)$.

## 二、连续型随机变量的函数的分布

设 $(X, Y)$ 的联合密度函数为 $f(x, y)$，且 $g(x, y)$ 是连续函数，则 $Z=g(X, Y)$ 的分布函数

$$F_Z(z) = P(Z \leqslant z) = P[g(X,Y) \leqslant z]$$

记 $D = \{(x,y) \mid g(x,y) \leqslant z\}$，有

$$F_Z(z) = P[(X,Y) \in D] = \iint_D f(x,y) \mathrm{d}x\mathrm{d}y$$

再对其求导即得 $Z$ 的密度函数. 这种方法又称分布函数法.

在上述方法中，虽然理论上没有对函数 $g(x, y)$ 的形式做任何要求，但在具体实施中会遇到很多计算上的麻烦. 因此我们只介绍一类形式简单的函数 $g(x, y)$.

**例 3.6.3** 设 $(X, Y)$ 的联合密度函数为 $f(x, y)$，$X \sim f_X(x)$，$Y \sim f_Y(y)$ 且 $X$ 和 $Y$ 相互独立，求 $Z=X+Y$ 的密度函数.

**解** 先求 $Z$ 的分布函数

$$F_Z(z) = P(Z \leqslant z) = P(X+Y \leqslant z)$$

$$= \iint_{x+y \leqslant z} f(x,y)\mathrm{d}x\mathrm{d}y$$

$$F_Z(z) = \int_{-\infty}^{+\infty}\mathrm{d}y \int_{-\infty}^{z-y} f(x,y)\mathrm{d}x$$

令 $x=u-y$，有

$$F_Z(z) = \int_{-\infty}^{+\infty}\mathrm{d}y \int_{-\infty}^{z} f(u-y,y)\mathrm{d}u$$

$$= \int_{-\infty}^{z} \left[\int_{-\infty}^{+\infty} f(u-y,y)\mathrm{d}y\right]\mathrm{d}u$$

由密度函数的定义可得 $Z$ 的密度函数为

$$f_Z(z) = \int_{-\infty}^{+\infty} f(z-y,y)\mathrm{d}y$$

而 $X$ 和 $Y$ 相互独立，有

$$f_Z(z) = \int_{-\infty}^{+\infty} f_X(z-y) f_Y(y) \mathrm{d}y$$

因为 $X$，$Y$ 具有对称性，则

$$f_Z(z) = \int_{-\infty}^{+\infty} f_X(x) f_Y(z-x) \mathrm{d}x$$

最后这两个公式称为卷积公式.

**例 3.6.4** 设随机变量 $X$ 和 $Y$ 服从 $N(0,1)$ 且相互独立，求 $Z = X+Y$ 的密度函数.

**解** 由于 $X$ 和 $Y$ 服从 $N(0,1)$ 且相互独立，故 $(X,Y)$ 的联合密度函数为

$$f(x,y) = \frac{1}{2\pi} \mathrm{e}^{-\frac{x^2+y^2}{2}}, \; -\infty < x < +\infty, \; -\infty < y < +\infty$$

由卷积公式得

$$\begin{aligned}
f_Z(z) &= \int_{-\infty}^{+\infty} f_X(x) f_Y(z-x) \mathrm{d}x \\
&= \int_{-\infty}^{+\infty} \frac{1}{2\pi} \mathrm{e}^{-\frac{x^2}{2}} \cdot \mathrm{e}^{-\frac{(z-x)^2}{2}} \mathrm{d}x \\
&= \frac{1}{2\sqrt{\pi}} \mathrm{e}^{-\frac{z^2}{4}}, \quad -\infty < z < +\infty
\end{aligned}$$

故 $Z = X+Y \sim N(0,2)$.

注意：一般地，若随机变量 $X \sim N(\mu_1, \sigma_1^2)$，$Y \sim N(\mu_2, \sigma_2^2)$ 且 $X$ 和 $Y$ 相互独立，则 $X+Y \sim N(\mu_1 + \mu_2, \sigma_1^2 + \sigma_2^2)$.

# 习 题 3

## (A)

1. 袋中有 10 个红球，7 个白球和 5 个黑球，从中任取 4 个球，用 $X$ 和 $Y$ 分别表示 4 个球中红球与白球的个数，求 $(X, Y)$ 的联合分布律.

2. 设连续型随机变量 $(X, Y)$ 的联合密度函数为

$$f(x,y) = \begin{cases} \dfrac{1}{4}, & 0 \leqslant x \leqslant 2, 0 \leqslant y \leqslant 2 \\ 0, & \text{其他} \end{cases}$$

求 $P(X < 1.5, Y < 1)$.

3. 设随机变量 $(X, Y)$ 的联合密度函数为

$$f(x,y) = \begin{cases} ce^{-(x+3y)}, & x, y \geqslant 0 \\ 0, & \text{其他} \end{cases}$$

求：(1) 常数 $c$；(2) $(X, Y)$ 落入区域 $D = \{(x,y) \,|\, x, y \geqslant 0, x + y \leqslant 1\}$ 的概率.

4. 设随机变量 $\xi \sim U[0,6]$，且随机变量

$$X = \begin{cases} 0, & \xi \leqslant 2 \\ 1, & \xi > 2 \end{cases}, \qquad Y = \begin{cases} 0, & \xi \leqslant 3 \\ 1, & \xi > 3 \end{cases}$$

求 $(X, Y)$ 的联合分布律.

5. 设随机变量 $(X, Y)$ 的联合密度函数为

$$f(x,y) = \begin{cases} \dfrac{1}{3}xy + y^2, & 0 \leqslant x \leqslant 2, 0 \leqslant y \leqslant 1 \\ 0, & \text{其他} \end{cases}$$

求：(1) $(X, Y)$ 关于 $X$ 和 $Y$ 的边缘密度函数；(2) $P(X + Y > 1)$；(3) $P(Y > X)$；(4) $X$ 与 $Y$ 是否相互独立？

6. 设 $(X, Y)$ 的联合分布律为

| X \ Y | 0 | 1 |
|---|---|---|
| 0 | $\dfrac{1}{6}$ | $a$ |
| 1 | $b$ | $\dfrac{1}{3}$ |

且事件 $\{X = 0\}$ 与 $\{X + Y = 1\}$ 相互独立，求 $a$、$b$ 的值.

7. 设随机变量 $X$ 与 $Y$ 相互独立且 $X \sim B\left(1, \dfrac{1}{4}\right)$，$Y \sim B\left(2, \dfrac{1}{2}\right)$，求：(1) $(X, Y)$ 的联合分布律；(2) $P(X \leqslant 0.5, Y \geqslant 1)$.

8. 设随机变量 $X$ 与 $Y$ 相互独立且它们的密度函数分别为

$$f_X(x) = \begin{cases} 3x^2, & 0 < x < 1 \\ 0, & \text{其他} \end{cases} \quad \text{和} \quad f_Y(y) = \begin{cases} e^{-y}, & y > 0 \\ 0, & \text{其他} \end{cases}$$

求：(1) $(X, Y)$ 的联合密度函数；(2) $P(|X| \leqslant \frac{1}{2}, |Y| \leqslant 1)$.

9. 设 $(X, Y)$ 的联合分布律为

| X \ Y | 0 | 1 | 2 |
|---|---|---|---|
| 0 | 0.1 | 0.1 | 0.2 |
| 1 | 0 | 0.05 | 0.05 |
| 2 | 0.2 | 0.1 | 0.2 |

求下列随机变量函数的分布律：(1) $X + Y$；(2) $3Y$；(3) $XY$.

10. 设随机变量 $X$ 与 $Y$ 相互独立且它们的分布律分别为

| X | 1 | 3 |
|---|---|---|
| P | 0.3 | 0.7 |

和

| Y | 2 | 4 |
|---|---|---|
| P | 0.8 | 0.2 |

求 $U = \max\{X, Y\}$ 的分布律.

11. 将一枚骰子独立地抛两次，以 $X$、$Y$ 分别表示第一次和第二次出现的点数，求：(1) $(X, Y)$ 的联合分布律；(2) $P(X^2 + Y^2 \geqslant 12)$；(3) $(X, Y)$ 关于 $X$ 和 $Y$ 的边缘分布律.

12. 设随机变量 $X \sim U[0,1]$ 与 $Y \sim E(1)$ 且相互独立，求 $Z = X + Y$ 的密度函数.

13. 设区域 $D$ 是由 $y = x - 1$，$y = x$，$x = 1$ 及 $y$ 轴所围成，且随机变量 $(X, Y)$ 服从区域 $D$ 上的均匀分布，求：(1) $(X, Y)$ 的联合密度函数；(2) $(X, Y)$ 关于 $X$ 和 $Y$ 的边缘密度函数；(3) $X$ 与 $Y$ 是否相互独立？

14. 设随机变量 $(X, Y)$ 的联合密度函数为

$$f(x, y) = \begin{cases} 2e^{-(2x+y)}, & x, y \geqslant 0 \\ 0, & \text{其他} \end{cases}$$

求 $Z = X + Y$ 的密度函数.

# (B)

1. 设随机变量 $(X,Y)$ 的联合密度函数为

$$f(x,y) = \frac{1}{2\pi}e^{-\frac{x^2+y^2}{2}}(1+\sin x \cdot \sin y) \quad x,y \in R$$

求 $(X,Y)$ 关于 $X$ 和 $Y$ 的边缘密度函数.

2. 设随机变量 $(X,Y)$ 的联合密度函数为

$$f(x,y) = \frac{k}{(1+4x^2)(1+y^2)}$$

求：(1) 常数 $k$；

(2) $P(0 < X < 0.5, 0 < Y < 1)$；

(3) $(X,Y)$ 关于 $X$ 和 $Y$ 的边缘密度函数；

(4) $X$ 与 $Y$ 是否相互独立？

3. 设 $X_1$ 与 $X_2$ 独立且同分布 $P(X_i = k) = \frac{k}{6}(k=1,2,3; i=1,2)$，令 $Y_1 = \max\{X_1,X_2\}$，$Y_2 = \min\{X_1,X_2\}$，求：(1) $Y_1$ 与 $Y_2$ 的分布律；(2) 若 $Y_1$ 与 $Y_2$ 也独立，给出 $(Y_1, Y_2)$ 的联合分布律.

4. 设某厂生产的计算机在一个月内的销售量是一个随机变量，其密度函数为

$$f(x) = \begin{cases} x e^{-x}, & x > 0 \\ 0, & \text{其他} \end{cases}$$

且每个月的销售量是相互独立的，求两个月的销售量的联合密度函数.

5. 设 $(X,Y)$ 的联合分布函数为

$$F(x,y) = \begin{cases} \dfrac{x(1-e^{-y})}{1+x}, & x \geqslant 0, y \geqslant 0 \\ 0, & \text{其他} \end{cases}$$

求 $(X,Y)$ 的联合密度函数 $f(x,y)$.

6. 设随机变量 $X$ 和 $Y$ 相互独立，其中 $X \sim B(1,0.6)$，$Y$ 的密度函数为 $f_Y(y)$，求随机变量函数 $Z = X + Y$ 的密度函数 $f_Z(z)$.

# 第4章 随机变量的数字特征

前面讨论了随机变量的分布函数，从中知道随机变量的分布函数完整地描述了随机变量的概率性质和统计规律. 但在实际问题中，一般求随机变量的分布函数是比较困难的；另一方面，在一些问题中也不要求求出它的分布函数，而只需知道它的某些特征即可. 例如，一个灯泡厂在稳定的生产条件下所生产的大批灯泡的寿命是个随机变量，为了衡量这个厂的产品质量，需要知道这批灯泡寿命的平均值以及各个灯泡寿命相对于这个平均值的偏离程度，平均值越大，偏离程度越小，则产品质量越好. 平均值与偏离程度都表现为一些数字，这些数字反映了随机变量的某些特征，称之为随机变量的数字特征，即数学期望和方差.

本章将要讨论的随机变量的常用数字特征有：数学期望、方差、协方差、相关系数和矩.

## §4.1　数学期望

为了描述一组事物的大致情况，常用"平均值"这个概念. 例如，比较两个班学生的学习成绩，比较两批产品的质量，等等.

### 一、随机变量的数学期望

**1. 离散型随机变量的数学期望**

先看一个具体的例子.

**例 4.1.1** 设甲、乙两人在同样条件下生产了 100 天，甲、乙在一天生产中出现的废品数为 0，1，2，3 的天数分别为 30，30，20，20 天以及 20，48，30，2 天，试评定两人的技术高低.

**解** 设 $X$，$Y$ 分别为甲、乙两人一天生产中出现的废品数，其分布律如下所示.

甲

| $X$ | 0 | 1 | 2 | 3 |
|-----|-----|-----|-----|-----|
| $P$ | 0.3 | 0.3 | 0.2 | 0.2 |

乙

| $Y$ | 0 | 1 | 2 | 3 |
|-----|-----|------|-----|------|
| $P$ | 0.2 | 0.48 | 0.3 | 0.02 |

因每人都可能出 0～3 个废品，仅看废品数还不能区别，但若计算出他们平均每天所生产出的废品数，就容易看出其技术水平高低了.

甲 100 天中每天平均出废品：

$$\frac{0\times 30+1\times 30+2\times 20+3\times 30}{100}=0\times\frac{30}{100}+1\times\frac{30}{100}+2\times\frac{20}{100}+3\times\frac{20}{100}$$

$$=1.3 \text{ 个}$$

乙 100 天中每天平均出废品：

$$\frac{0\times 20+1\times 48+2\times 30+3\times 2}{100}=0\times\frac{20}{100}+1\times\frac{48}{100}+2\times\frac{30}{100}+3\times\frac{2}{100}$$

$$=1.14\ 个$$

由此可知，乙的技术比甲的技术好．

从上述这个例子可以看到，所求的平均数并不是废品数 0，1，2，3 的简单平均，而是将废品数依次乘以出现这些数字的天数与总天数的比值，称这个比值为废品数 0，1，2，3 出现的频率．这种把各个数与相应频率相乘的和称为**以频率为权的加权平均**．

对一个随机变量而言，随机变量的取值也有同样的问题．我们时常会问，随机变量平均取什么值？通常就用随机变量能取到的各个值，以取这些值的概率为加权数的加权平均来计算随机变量的平均值．称这种平均值为随机变量的数学期望．

**定义 4.1.1** 设离散型随机变量 $X$ 有概率分布

$$P\ \{X=x_k\}\ =p_k,\ k=1,\ 2,\ \cdots$$

若级数 $\displaystyle\sum_{k=1}^{\infty}x_kp_k$ 绝对收敛，则称此级数的和为随机变量 $X$ 的**数学期望**，简称**期望**或**均值**．记为 $E(X)$，即

$$E(X)=\sum_{k=1}^{\infty}x_kp_k$$

若级数 $\displaystyle\sum_{k=1}^{\infty}|x_k|p_k$ 发散，则说明 $E(X)$ 不存在．

对于离散型随机变量 $X$，$E(X)$ 就是 $X$ 的各可能值与其对应概率乘积的和．在不会产生混淆的情况下，可以记作 $EX$．

**注** 因为 $X$ 是随机变量，其取值顺序并无特别约定．要求级数 $\displaystyle\sum_{k=1}^{\infty}x_kp_k$ 绝对收敛，是为了保证级数的和与级数各项次序无关．

**例 4.1.2** 设 $X$ 服从 $0-1$ 分布，其概率分布 $P\{X=k\}=p^k(1-p)^{1-k}$，$k=0,1$，求随机变量 $X$ 的数学期望．

**解** 依题意，$X$ 概率分布律为

$$\begin{bmatrix} 0 & 1 \\ 1-p & p \end{bmatrix}$$

则有

$$E(X)=\sum_{k=0}^{1}kP\{X=k\}=0\times(1-p)+1\times p=p$$

即

$$E(X)=p$$

**例 4.1.3** 设 $X\sim P(\lambda)$，求 $E(X)$．

**解** 因 $X$ 的分布律为

$$P\{X=k\}=\frac{\lambda^k}{k!}e^{-\lambda},\qquad k=0,1,2,\cdots,\lambda>0$$

故 $X$ 的数学期望为

$$E(X)=\sum_{k=0}^{\infty}kp_k=\sum_{k=1}^{\infty}k\frac{\lambda^k}{k!}e^{-\lambda}=\lambda e^{-\lambda}\sum_{k=1}^{\infty}\frac{\lambda^{k-1}}{(k-1)!}=\lambda e^{-\lambda}\cdot e^{\lambda}=\lambda$$

即

$$E(X)=\lambda$$

**例 4.1.4** 在有奖销售彩票活动中，每张彩票面值 2 元，一千万张设有一等奖 20 名，奖金 20 万或红旗轿车；二等奖 1000 名，奖金 3000 元或 25 寸彩电；三等奖 2000 名，奖金 1000 元或洗衣机；四等奖 100 万名，奖金 2 元，问买一张彩票获奖的数学期望（收益）是多少？

**解** 设 $X$ 为获奖的数值，则 $X$ 的分布律为

| $X$ | 200000 | 3000 | 1000 | 2 |
|---|---|---|---|---|
| $P$ | 20/10000000 | 1/10000 | 2/10000 | 100/1000 |

$$E(X) = 200000 \cdot \frac{20}{10000000} + 3000 \cdot \frac{1}{10000} + 1000 \cdot \frac{2}{10000} + 2 \cdot \frac{100}{1000} = 1.1$$

**2. 连续型随机变量的数学期望**

对于连续型随机变量，若它的概率密度为 $f(x)$，注意到 $f(x)\mathrm{d}x$ 相当于离散型随机变量中的 $p_k$，再考虑到随机变量 $X$ 取值的连续性，由此可得连续型随机变量数学期望的定义．

**定义 4.1.2** 设连续型随机变量 $X$ 有概率密度 $f(x)$，若积分 $\int_{-\infty}^{+\infty} x f(x)\mathrm{d}x$ 绝对收敛，则 $E(X) = \int_{-\infty}^{+\infty} x f(x)\mathrm{d}x$ 称为 $X$ 的**数学期望**，若积分 $\int_{-\infty}^{+\infty} |x| f(x)\mathrm{d}x$ 发散，则说 $E(X)$ 不存在．

也就是说，连续型随机变量 $X$ 的数学期望是 $X$ 的取值 $x$ 与概率密度 $f(x)$ 的乘积在无穷区间 $(-\infty, +\infty)$ 上的反常积分．

**例 4.1.5** 设随机变量 $X$ 服从 $[a, b]$ 上的均匀分布，求 $E(X)$．

**解** 依题意，

$$f(x) = \begin{cases} \dfrac{1}{b-a}, & a \leqslant x \leqslant b \\ 0, & \text{其他} \end{cases}$$

故
$$E(X) = \int_{-\infty}^{+\infty} x f(x)\mathrm{d}x = \int_a^b \frac{x}{b-a}\mathrm{d}x = \frac{a+b}{2}$$

**例 4.1.6** 设随机变量 $X$ 服从参数为 $\lambda$ 的指数分布，求 $E(X)$．

**解** 依题意，

$$f(x) = \begin{cases} \lambda \mathrm{e}^{-\lambda x}, & x > 0 \\ 0, & x \leqslant 0 \end{cases}, \qquad (\lambda > 0)$$

故
$$E(X) = \int_{-\infty}^{+\infty} x f(x)\mathrm{d}x = \int_0^{+\infty} \lambda x \mathrm{e}^{-\lambda x}\mathrm{d}x = \frac{1}{\lambda}$$

应该指出，据定义 4.1.1 和定义 4.1.2，有些随机变量可能不存在数学期望，例如，柯西分布的密度函数为 $f(x) = \dfrac{1}{\pi(1+x^2)}$，$-\infty < x < +\infty$，可以证明其数学期望显示出不存在．

## 二、随机变量函数的数学期望

在实际问题与理论研究中，常遇到求随机变量函数的数学期望问题．一种方法是先求出随机变量函数的相应分布函数，然后根据定义求数学期望．但随机变量函数的分布函数通常情况下计算较烦琐，因此引入如下定理．

**定理 4.1.1** 设 $Y$ 是随机变量 $X$ 的函数 $Y = g(X)$（$g$ 是连续函数）．

（1）若 $X$ 是离散型随机变量，有概率分布 $P\{X = x_k\} = p_k$，$k = 1, 2, \cdots$，如果 $\sum\limits_{k=1}^{\infty} g(x_k) p_k$ 绝对收敛，则随机变量 $X$ 的函数 $Y = g(X)$ 的数学期望为

$$E(Y) = E[g(X)] = \sum_{k=1}^{\infty} g(x_k) p_k$$

（2）若 $X$ 是连续型随机变量，有概率密度 $f(x)$，如果无穷积分 $\int_{-\infty}^{+\infty} g(x) f(x) \mathrm{d}x$ 绝对收敛，则随机变量 $X$ 的函数 $Y = g(X)$ 的数学期望为

$$E(Y) = E[g(X)] = \int_{-\infty}^{+\infty} g(x) f(x) \mathrm{d}x$$

特别地，当 $Y = g(X) = X$ 时，定理 4.1.1 与我们前面引入的随机变量的数学期望是一致的．

**注** 定理 4.1.1 的重要性在于，求 $E[g(X)]$ 时，不必知道 $g(X)$ 的分布，只需知道 $X$ 的分布即可．这给求随机变量函数的数学期望带来很大方便．

**例 4.1.7** 设随机变量 $X$ 的概率分布为

$$\begin{bmatrix} -1 & 1 & 2 & 3 \\ \dfrac{1}{8} & \dfrac{1}{4} & \dfrac{3}{8} & \dfrac{1}{4} \end{bmatrix}$$

求 $E(X^2)$.

**解** 方法 1 先求 $X^2$ 的概率分布．

$$\begin{bmatrix} 1 & & 4 & 9 \\ \dfrac{1}{8} + \dfrac{1}{4} = \dfrac{3}{8} & & \dfrac{3}{8} & \dfrac{1}{4} \end{bmatrix}$$

则
$$E(X^2) = 1 \times \frac{3}{8} + 4 \times \frac{3}{8} + 9 \times \frac{1}{4} = \frac{33}{8}$$

方法 2 $\quad E(X^2) = (-1)^2 \times \dfrac{1}{8} + 1^2 \times \dfrac{1}{4} + 2^2 \times \dfrac{3}{8} + 3^2 \times \dfrac{1}{4} = \dfrac{33}{8}$

**例 4.1.8** 设随机变量 $X$ 服从 $[0, 2\pi]$ 上的均匀分布，求 $E(\sin X)$，$E(X^2 + 1)$.

**解** 因为随机变量 $X$ 服从 $[0, 2\pi]$ 上的均匀分布，其概率密度为

$$f(x) = \begin{cases} \dfrac{1}{2\pi}, & 0 \leqslant x \leqslant 2\pi \\ 0, & \text{其他} \end{cases}$$

故
$$E(\sin X) = \int_{-\infty}^{+\infty} \sin x \, f(x) \mathrm{d}x = \int_0^{2\pi} \sin x \, \frac{1}{2\pi} \mathrm{d}x = -\frac{1}{2\pi} \cos x \Big|_0^{2\pi} = 0$$

$$E(X^2 + 1) = \int_{-\infty}^{+\infty} (x^2 + 1) f(x) \mathrm{d}x = \int_0^{2\pi} (x^2 + 1) \frac{1}{2\pi} \mathrm{d}x = \frac{4\pi^2}{3} + 1$$

**例 4.1.9**　设 $X \sim N(0, 1)$，求 $E(X^2)$.

**解**　因 $X$ 的概率密度为

$$\varphi(x) = \frac{1}{\sqrt{2\pi}} e^{-\frac{x^2}{2}}, x \in (-\infty, +\infty), \text{故}$$

$$E(X^2) = \int_{-\infty}^{+\infty} x^2 \varphi(x) \mathrm{d}x = \frac{1}{\sqrt{2\pi}} \int_{-\infty}^{+\infty} x^2 e^{-\frac{x^2}{2}} \mathrm{d}x = \frac{-1}{\sqrt{2\pi}} \int_{-\infty}^{+\infty} x \mathrm{d}(e^{-\frac{x^2}{2}})$$

$$= \frac{-1}{\sqrt{2\pi}} (x \cdot e^{-\frac{x^2}{2}} \Big|_{-\infty}^{+\infty} - \int_{-\infty}^{+\infty} e^{-\frac{x^2}{2}} \mathrm{d}x)$$

利用极限结论

$$\lim_{x \to +\infty} x \cdot e^{-\frac{x^2}{2}} = 0, \ \lim_{x \to -\infty} x \cdot e^{-\frac{x^2}{2}} = 0$$

以及概率密度的性质有

$$E(X^2) = \frac{1}{\sqrt{2\pi}} \int_{-\infty}^{+\infty} e^{-\frac{x^2}{2}} \mathrm{d}x = \int_{-\infty}^{+\infty} \varphi(x) \mathrm{d}x = 1$$

上述定理 4.1.1 可推广到二维以上的情形，即有下列定理：

**定理 4.1.2**　设 $Z$ 是随机变量 $X$，$Y$ 的函数 $Z = g(X,Y)$（$g$ 是连续函数），则 $Z$ 是一个一维随机变量.

（1）若 $(X,Y)$ 是离散型随机变量，其联合分布律为 $P\{X = x_i, Y = y_j\} = p_{ij}$，$i, j = 1, 2, \cdots$ 且 $\sum\limits_{i=1}^{\infty} \sum\limits_{j=1}^{\infty} g(x_i, y_j) p_{ij}$ 绝对收敛，则 $Z = g(X,Y)$ 的数学期望为

$$E(Z) = E[g(X,Y)] = \sum_{i=1}^{\infty} \sum_{j=1}^{\infty} g(x_i, y_j) p_{ij}$$

（2）若 $(X,Y)$ 是连续型随机变量，其概率密度为 $f(x,y)$，且 $\int_{-\infty}^{+\infty} \int_{-\infty}^{+\infty} g(x,y) f(x,y) \mathrm{d}x\mathrm{d}y$ 绝对收敛，则

$$E(Z) = E[g(X,Y)] = \int_{-\infty}^{+\infty} \int_{-\infty}^{+\infty} g(x,y) f(x,y) \mathrm{d}x\mathrm{d}y$$

特别地，当 $Z = g(X, Y) = X$ 与 $Z = g(X, Y) = Y$ 时，$E[g(X, Y)]$ 为二维随机变量的分量 X 与 Y 的数学期望.

**例 4.1.10**　设随机变量 $(X,Y)$ 的联合分布律为

| X \ Y | $-2$ | 0 | 2 |
|---|---|---|---|
| 0 | 0.3 | 0.1 | 0.3 |
| 1 | 0.1 | 0.2 | 0 |

求 $E(XY^2)$.

**解**　依题意，有

$$E(XY^2) = 0 \times (-2)^2 \times 0.3 + 0 \times 0^2 \times 0.1 + 0 \times 2^2 \times 0.3$$
$$+ 1 \times (-2)^2 \times 0.1 + 1 \times 0^2 \times 0.2 + 1 \times 2^2 \times 0 = 0.4$$

**例 4.1.11**　设二维随机变量 $(X,Y)$ 在矩形区域 $D: 0 < x < 2, 0 < y < 1$ 上服从均匀分布，求 $E(X)$、$E(Y)$ 和 $E(XY)$.

**解** 已知 $(X,Y)$ 的概率密度为

$$f(x,y) = \begin{cases} \dfrac{1}{2}, & 0 < x < 2, 0 < y < 1 \\ 0, & \text{其他} \end{cases}$$

取 $g(X,Y) = X$，得

$$E(X) = \int_{-\infty}^{+\infty} \int_{-\infty}^{+\infty} xf(x,y)\mathrm{d}x\mathrm{d}y = \int_0^1 \mathrm{d}y \int_0^2 \frac{x}{2}\mathrm{d}x = 1$$

类似可得

$$E(Y) = \int_{-\infty}^{+\infty} \int_{-\infty}^{+\infty} yf(x,y)\mathrm{d}x\mathrm{d}y = \int_0^1 \mathrm{d}y \int_0^2 \frac{y}{2}\mathrm{d}x = \frac{1}{2}$$

也可通过求出 $X$，$Y$ 的边缘分布，计算 $E(X)$、$E(Y)$.

$$E(XY) = \int_{-\infty}^{+\infty} \int_{-\infty}^{+\infty} xyf(x,y)\mathrm{d}x\mathrm{d}y = \int_0^1 \mathrm{d}y \int_0^2 \frac{xy}{2}\mathrm{d}x = \frac{1}{2}\left(\int_0^2 x\mathrm{d}x\right)\left(\int_0^1 y\mathrm{d}y\right) = \frac{1}{2}$$

## 三、数学期望的性质

假定随机变量的数学期望均存在，则有

（1）设 $C$ 是常数，则 $E(C) = C$；

（2）设 $X$ 是一个随机变量，$C$ 是常数，则 $E(CX) = CE(X)$；

（3）设 $X$ 是一个随机变量，$k$，$b$ 是常数，则 $E(kX+b) = E(kX)+b = kE(X)+b$；

（4）设 $X$ 和 $Y$ 是任意两个随机变量，则 $E(X\pm Y) = E(X)\pm E(Y)$，这个性质可推广到任意有限个随机变量的情况，即

$$E(X_1 \pm X_2 \pm \cdots \pm X_n) = E(X_1) \pm E(X_2) \pm \cdots \pm E(X_n)$$

（5）设 $X$ 与 $Y$ 是两个相互独立的随机变量，则 $E(XY) = E(X) \cdot E(Y)$，这个性质可推广到有限个相互独立的随机变量的情况，即

$$E(X_1 X_2 \cdots X_n) = E(X_1)E(X_2)\cdots E(X_n)$$

性质（1）～（3）在此不再证明，下面给出性质（4）、（5）的证明.

**证明**（4）以离散型随机变量为例.

设二维离散型随机变量 $(X,Y)$ 的联合分布律为

$$P\{X = x_i, Y = y_j\} = p_{ij}, \quad i,j = 1,2,\cdots$$

由二维离散型随机变量函数期望的计算式

$$E(X \pm Y) = \sum_i \sum_j (x_i \pm y_j)p_{ij} = \sum_i \sum_j x_i p_{ij} \pm \sum_i \sum_j y_j p_{ij} = E(X) \pm E(Y)$$

（5）以连续型随机变量为例.

设二维连续型随机变量 $(X,Y)$ 的联合概率密度为 $f(x,y)$，$(x,y) \in R^2$，由二维连续型随机变量的函数期望的计算式及 $X$，$Y$ 独立 $\Leftrightarrow f(x,y) = f_X(x) \cdot f_Y(y)$，

$$E(XY) = \int_{-\infty}^{+\infty} \int_{-\infty}^{+\infty} xyf(x,y)\mathrm{d}x\mathrm{d}y = \int_{-\infty}^{+\infty} \int_{-\infty}^{+\infty} xyf_X(x)f_Y(y)\mathrm{d}x\mathrm{d}y$$

$$= \int_{-\infty}^{+\infty} yf_Y(y)\left[\int_{-\infty}^{+\infty} xf_X(x)\mathrm{d}x\right]\mathrm{d}y = \int_{-\infty}^{+\infty} xf_X(x)\mathrm{d}x \int_{-\infty}^{+\infty} yf_Y(y)\mathrm{d}y$$

$$= E(X) \cdot E(Y)$$

**例 4.1.12**　随机变量 $X$ 的分布律为

$$\begin{bmatrix} -1 & 0 & 1 & 2 \\ 0.1 & 0.3 & 0.5 & 0.1 \end{bmatrix}$$

求 $E(2X+1)$ 与 $E(3X^2-2)$.

　　**解**　因

$$E(X) = -1 \times 0.1 + 0 \times 0.3 + 1 \times 0.5 + 2 \times 0.1 = 0.6$$
$$E(X^2) = (-1)^2 \times 0.1 + 0^2 \times 0.3 + 1^2 \times 0.5 + 2^2 \times 0.1 = 1$$

故
$$E(2X+1) = 2E(X) + 1 = 2.2$$
$$E(3X^2-2) = 3E(X^2) - 2 = 1$$

# §4.2　方　　差

　　随机变量的数学期望表示随机变量 $X$ 的均值，是随机变量的一个重要的数字特征，但在许多实际问题中，还需要了解随机变量 $X$ 的取值对期望值 $E(X)$ 的偏离程度．为此引进随机变量的另一个重要数字特征——方差．

　　先看个具体例子．

　　设甲、乙两位射手打中靶的环数分别为 $X_1$，$X_2$，并有如下概率分布：

$$X_1: \begin{bmatrix} 7 & 8 & 9 & 10 \\ 0.4 & 0.3 & 0.2 & 0.1 \end{bmatrix}, \quad X_2: \begin{bmatrix} 0 & 5 & 6 & 10 \\ 0.04 & 0.16 & 0.2 & 0.6 \end{bmatrix}$$

　　由计算可知，两位射手射击的平均环数都是 8 环 $[E(X_i) = 8, i = 1、2]$，由此看出，仅从平均环数是不能判定两者射击水平好坏的，因此还要考察命中的环数与平均值的偏离程度，若偏离程度较小，则表示射击水平较稳定，从这个意义上来说，认为射击水平较好．否则就认为射击水平较差．在该例中甲、乙两射手的环数与平均数的偏离程度是不一样的，从摆动的情况来看，甲比乙好，因为他打中靶的环数比较集中．

　　可见在实际问题中，仅靠期望值（即均值）不能完善地说明随机变量的分布特征，还必须研究其离散程度．通常人们关心的是随机变量 $X$ 对期望值 $E(X)$ 的离散程度，怎样来度量此离散程度呢？用 $E[X-E(X)]$ 是不行的，因为这时正、负偏差会抵消，而这两种偏差都反映了离散程度，所以不准确；$E[\,|X-E(X)|\,]$ 含绝对值，运算不方便，故选用 $E[X-E(X)]^2$ 来衡量 $X$ 与 $E(X)$ 的离散程度．

## 一、方差的定义

　　**定义 4.2.1**　设 $X$ 为随机变量，若 $E[X-E(X)]^2$ 存在，则称 $E[X-E(X)]^2$ 为随机变量 $X$ 的**方差**，记作 $D(X)$ 或 $\mathrm{Var}(X)$，即
$$D(X) = E[X-E(X)]^2$$
称 $\sqrt{D(X)}$ 为 $X$ 的标准差（或均方差）．

　　若 $X$ 是离散型随机变量，概率分布为 $P\{X = x_k\} = p_k, k = 1, 2, \cdots,$ 则

$$D(X) = \sum_k \left[ x_k - E(X) \right]^2 p_k$$

若 $X$ 是连续型随机变量,有概率密度 $f(x)$,则

$$D(X) = \int_{-\infty}^{+\infty} \left[ x - E(X) \right]^2 f(x) \mathrm{d}x$$

可见,随机变量的方差是一个非负数. 当 $X$ 的可能取值密集在它的期望值 $EX$ 附近时,方差较小,反之则方差较大. 因此,方差刻画了随机变量 $X$ 取值关于 $E(X)$ 的离散程度.

由方差的定义式容易得到下面的常用计算式

$$D(X) = E(X^2) - \left[ E(X) \right]^2$$

**证明**

$$\begin{aligned}
D(X) &= E\left[ X - E(X) \right]^2 = E\{ X^2 - 2XE(X) + \left[ E(X) \right]^2 \} \\
&= E(X^2) - 2E(X)E(X) + \left[ E(X) \right]^2 \\
&= E(X^2) - \left[ E(X) \right]^2
\end{aligned}$$

**注** 这个公式很重要,它不仅证明了一般情况下随机变量平方的数学期望大于其数学期望的平方这个重要结论,而且经常用它来简化方差的计算.

**例 4.2.1** 设随机变量 $X$ 服从参数为 $p$ 的 $0-1$ 分布,求 $D(X)$.

**解** 因 $X$ 的概率分布为

$$P\{X = k\} = p^k (1-p)^{1-k} \quad (k = 0, 1)$$

且在 §4.1 例 4.1.2 中已算过 $EX = p$,故有

方法 1 $\quad D(X) = (0-p)^2 \times (1-p) + (1-p)^2 \times p = p(1-p)$

方法 2 $\quad E(X^2) = 0^2 \times (1-p) + 1^2 \times p = p$

$$D(X) = E(X^2) - (EX)^2 = p - p^2 = p(1-p)$$

**例 4.2.2** 设甲、乙两炮射击弹着点与目标的距离分别为 $X_1$,$X_2$(为方便起见,假定只取离散值)并有如下分布规律如下表所示,问甲、乙两炮哪一个更为精确?

| 炮 | 甲（$X_1$） | | | | | 乙（$X_2$） | | | | |
|---|---|---|---|---|---|---|---|---|---|---|
| 距离 $X$ | 80 | 85 | 90 | 95 | 100 | 85 | 87.5 | 90 | 95 | 92.5 |
| 概率 $P$ | 0.2 | 0.2 | 0.2 | 0.2 | 0.2 | 0.2 | 0.2 | 0.2 | 0.2 | 0.2 |

**解** $\quad E(X_1) = 90 \qquad E(X_2) = 90$

由此看出,甲、乙两炮有相同的期望值. 根据定义 4.2.1,得

$$\begin{aligned}
D(X_1) = &(80-90)^2 \times 0.2 + (85-90)^2 \times 0.2 + (90-90)^2 \times 0.2 + (95-90)^2 \times \\
&0.2 + (100-90)^2 \times 0.2 = 50
\end{aligned}$$

$$\begin{aligned}
D(X_2) = &(85-90)^2 \times 0.2 + (87.5-90)^2 \times 0.2 + (90-90)^2 \times 0.2 + (95-90)^2 \times \\
&0.2 + (92.5-90)^2 \times 0.2 = 12.5
\end{aligned}$$

所以乙炮弹着点的离散程度比较小,乙炮较甲炮准确.

**例 4.2.3** 设随机变量 $X \sim P(\lambda)$,求 $D(X)$.

**解** 因 $X$ 的分布律为 $P\{X = k\} = \dfrac{\lambda^k}{k!} \mathrm{e}^{-\lambda}$, $\quad k = 0, 1, \cdots, \lambda > 0$

由例题 4.1.3 可知 $E(X) = \lambda$,根据期望的性质

$$E(X^2) = E[X(X-1)+X] = E[X(X-1)]+E(X)$$
$$= \sum_{k=0}^{\infty} k(k-1)\frac{\lambda^k e^{-\lambda}}{k!} + \lambda = \lambda^2 e^{-\lambda}\sum_{k=2}^{\infty}\frac{\lambda^{k-2}}{(k-2)!} + \lambda$$
$$= \lambda^2 e^{-\lambda}e^{\lambda} + \lambda = \lambda^2 + \lambda$$

所以
$$D(X) = E(X^2) - [E(X)]^2 = \lambda^2 + \lambda - \lambda^2 = \lambda$$

即
$$E(X) = D(X) = \lambda$$

**例 4.2.4**　设随机变量 $X$ 在区间 $[a, b]$ 上服从均匀分布，求 $D(X)$.

**解**　由例 4.1.5 知 $E(X) = \dfrac{a+b}{2}$，而

$$E(X^2) = \int_{-\infty}^{+\infty} x^2 f(x)\mathrm{d}x = \int_a^b x^2 \frac{1}{b-a}\mathrm{d}x = \frac{1}{3}\cdot\frac{b^3-a^3}{b-a} = \frac{1}{3}(b^2+ab+a^2)$$

故
$$D(X) = E(X^2) - [E(X)]^2$$
$$= \frac{1}{3}(b^2+ab+a^2) - \frac{1}{4}(a+b)^2 = \frac{1}{12}(b-a)^2$$

即
$$E(X) = \frac{a+b}{2}, \quad D(X) = \frac{1}{12}(b-a)^2$$

**例 4.2.5**　设随机变量 $X$ 服从指数分布，其概率密度为

$$f(x) = \begin{cases} \lambda e^{-\lambda x}, & x > 0 \\ 0, & x \leqslant 0 \end{cases}$$

其中 $\lambda > 0$，求 $D(X)$.

**解**　由例 4.1.6 知 $\qquad E(X) = \dfrac{1}{\lambda}$

$$E(X^2) = \int_{-\infty}^{+\infty} x^2 f(x)\mathrm{d}x = \int_0^{+\infty} \lambda x^2 e^{-\lambda x}\mathrm{d}x = \frac{2}{\lambda^2}$$

于是

$$D(X) = E(X^2) - [E(X)]^2 = \frac{2}{\lambda^2} - \frac{1}{\lambda^2} = \frac{1}{\lambda^2}$$

即
$$E(X) = \frac{1}{\lambda}, \quad D(X) = \frac{1}{\lambda^2}$$

## 二、方差的性质

下面给出方差的性质，并假定所涉及随机变量的方差均存在：

(1) 设 $C$ 是常数，则 $D(C) = 0$；

(2) 设 $C$ 是常数，则 $D(X+C) = D(X)$；

(3) 设 $C$ 是常数，则 $D(CX) = C^2 D(X)$；

(4) 设 $X$，$Y$ 是两个相互独立的随机变量，则 $D(X\pm Y) = D(X)+D(Y)$，该性质可推广到任意有限个随机变量的情况，即若 $X_1$，$\cdots$，$X_n$ 相互独立，则有
$$D(X_1 \pm \cdots \pm X_n) = D(X_1) + \cdots + D(X_n)$$

(5) $D(X) = 0$ 的充要条件为 $P\{X = C\} = 1$，其中 $C = E(X)$（证明略）.

性质 (1)、(2)、(3) 在此不再证明．下面给出性质 (4) 的证明．

**证明** 以 $D(X+Y)=D(X)+D(Y)$ 为例.

$$
\begin{aligned}
D(X+Y) &= E\{[(X+Y)-E(X+Y)]^2\} = E\{[X-E(X)]+[Y-E(Y)]\}^2 \\
&= E\{[X-E(X)]^2\}+E\{[Y-E(Y)]^2\}+2E\{[X-E(X)][Y-E(Y)]\} \\
&= D(X)+D(Y)+2E[XY-XE(Y)-YE(X)+E(X)E(Y)] \\
&= D(X)+D(Y)+2[E(XY)-E(X)E(Y)] \\
&= D(X)+D(Y)
\end{aligned}
$$

**例 4.2.6** 设随机变量 $X\sim B(n,p)$,求 $E(X)$,$D(X)$.

**解** 因 $X\sim B(n,p)$,考虑 $n$ 重伯努利试验,令

$$
X_i=\begin{cases}1, & \text{第 } i \text{ 次试验中 A 发生,}\\ 0, & \text{第 } i \text{ 次试验中 A 不发生,}\end{cases} \quad i=1,2,\cdots,n, \text{ 则 } X=\sum_{i=1}^n X_i
$$

因 $X_i$ 服从 $0-1$ 分布,由例 4.1.2,例 4.2.1 知,$E(X_i)=p$,$D(X_i)=pq$,$i=1,2,\cdots,n$. 其中 $q=1-p$

所以
$$E(X)=E\left(\sum_{i=1}^n X_i\right)=\sum_{i=1}^n E(X_i)=np$$

又 $X_1$,$X_2$,$\cdots$,$X_n$ 相互独立

故
$$D(X)=D\left(\sum_{i=1}^n X_i\right)=\sum_{i=1}^n D(X_i)=npq$$

即
$$E(X)=np,\quad D(X)=npq$$

**注** 服从二项分布的随机变量常分解成若干个服从两点分布的相互独立的随机变量之和.

**例 4.2.7** 设随机变量 $X\sim N(\mu,\sigma^2)$,求 $E(X)$,$D(X)$.

**解** 先求标准正态变量 $Z=\dfrac{X-\mu}{\sigma}$ 的数学期望和方差.

因为 $Z$ 的概率密度为

$$\varphi(x)=\frac{1}{\sqrt{2\pi}}e^{-\frac{x^2}{2}}$$

所以

$$E(Z)=\frac{1}{\sqrt{2\pi}}\int_{-\infty}^{+\infty}xe^{-\frac{x^2}{2}}dx=-\frac{1}{\sqrt{2\pi}}e^{-\frac{x^2}{2}}\Big|_{-\infty}^{+\infty}=0$$

$$D(Z)=E(Z^2)-[E(Z)]^2=E(Z^2)=\frac{1}{\sqrt{2\pi}}\int_{-\infty}^{+\infty}x^2e^{-\frac{x^2}{2}}dx=-\frac{1}{\sqrt{2\pi}}\int_{-\infty}^{+\infty}xd(e^{-\frac{x^2}{2}})$$

$$=-\frac{1}{\sqrt{2\pi}}xe^{-\frac{x^2}{2}}\Big|_{-\infty}^{+\infty}+\frac{1}{\sqrt{2\pi}}\int_{-\infty}^{+\infty}e^{-\frac{x^2}{2}}dx=\frac{1}{\sqrt{\pi}}\int_{-\infty}^{+\infty}e^{-\frac{x^2}{2}}d\left(\frac{x}{\sqrt{2}}\right)=\frac{1}{\sqrt{\pi}}\cdot\sqrt{\pi}=1$$

因 $X=\mu+\sigma Z$,即得

$$E(X)=E(\mu+\sigma Z)=\mu$$

$$D(X)=D(\mu+\sigma Z)=D(\mu)+D(\sigma Z)=\sigma^2 D(Z)=\sigma^2$$

即
$$E(X)=\mu,\quad D(X)=\sigma^2$$

**注** 正态分布概率密度中的两个参数 $\mu$ 和 $\sigma^2$ 分别是该分布的数学期望和方差,因此正态分布完全可由它的数学期望和方差来确定.

**例 4.2.8**　设二维随机变量 $(X,Y)$ 的概率密度为

$$f(x,y) = \begin{cases} 4xy, & 0 \leqslant x \leqslant 1, 0 \leqslant y \leqslant 1 \\ 0, & \text{其他} \end{cases}$$

试求 $D(2X+3Y)$.

**解**　$X$ 的边缘密度为

$$f_X(x) = \int_{-\infty}^{+\infty} f(x,y)\mathrm{d}y = \begin{cases} 2x, & 0 \leqslant x \leqslant 1 \\ 0, & \text{其他} \end{cases}$$

$Y$ 的边缘密度为

$$f_Y(x) = \int_{-\infty}^{+\infty} f(x,y)\mathrm{d}y = \begin{cases} 2y, & 0 \leqslant y \leqslant 1 \\ 0, & \text{其他} \end{cases}$$

由此可得 $f(x,y) = f_X(x)f_Y(x)$，故 $X$ 与 $Y$ 相互独立，则

$$D(X) = E(X^2) - [E(X)]^2 = \int_0^1 2x^3\mathrm{d}x - \left(\int_0^1 2x^2\mathrm{d}x\right)^2 = \frac{1}{18}$$

$$D(Y) = E(Y^2) - [E(Y)]^2 = \int_0^1 2y^3\mathrm{d}y - \left(\int_0^1 2y^2\mathrm{d}y\right)^2 = \frac{1}{18}$$

由方差的性质，得

$$D(2X+3Y) = 4D(X) + 9D(Y) = \frac{13}{18}$$

# §4.3　协方差、相关系数和矩

对多维随机变量，随机变量的数学期望和方差只反映了各自的平均值与偏离程度，并没有反映出随机变量之间的关系，为此本节引进用来刻画随机变量之间相互关系的数字特征——协方差和相关系数.

## 一、协方差

在证明方差的性质中可以看到，当 $X$ 与 $Y$ 相互独立时，有

$$E\{[X-E(X)][Y-E(Y)]\} = 0$$

反之则说明，当 $E\{[X-E(X)][Y-E(Y)]\} \neq 0$ 时，$X$ 与 $Y$ 一定不相互独立，而是存在一定的联系，所以 $E\{[X-E(X)][Y-E(Y)]\}$ 在一定程度上反映了随机变量 $X$ 与 $Y$ 之间的关系.

**定义 4.3.1**　设 $(X,Y)$ 为二维随机变量，$EX$，$EY$ 均存在，若数学期望

$$E\{[X-E(X)][Y-E(Y)]\}$$

存在，则称数值 $E\{[X-E(X)][Y-E(Y)]\}$ 为 $X$ 与 $Y$ 的协方差，记为 Cov $(X, Y)$，即

$$\mathrm{Cov}(X,Y) = E\{[X-E(X)][Y-E(Y)]\}$$

由协方差的定义式易得如下的常用计算式

$$\mathrm{Cov}(X,Y) = E(XY) - E(X)E(Y)$$

事实上

$$\begin{aligned}
\mathrm{Cov}(X,Y) &= E\{[X-E(X)][Y-E(Y)]\} \\
&= E[XY - XE(Y) - YE(X) + E(X)E(Y)] \\
&= E(XY) - E(X)E(Y) - E(Y)E(X) + E(X)E(Y) \\
&= E(XY) - E(X)E(Y)
\end{aligned}$$

协方差具有下列性质：

(1) 对称性：$\mathrm{Cov}(X,Y) = \mathrm{Cov}(Y,X)$，特别地，$\mathrm{Cov}(X,X) = DX$；

(2) $\mathrm{Cov}(aX,bY) = ab\mathrm{Cov}(X,Y)$，其中 $a$，$b$ 是常数；

(3) 可加性：$\mathrm{Cov}(X_1 + X_2,Y) = \mathrm{Cov}(X_1,Y) + \mathrm{Cov}(X_2,Y)$；

(4) 若随机变量 $X$，$Y$ 相互独立，则 $\mathrm{Cov}(X,Y) = 0$；

(5) 随机变量和的方差与协方差的关系为

$$D(X \pm Y) = D(X) + D(Y) \pm 2\mathrm{Cov}(X,Y)$$

特别地，若 $X$ 与 $Y$ 相互独立，则

$$D(X \pm Y) = D(X) + D(Y)$$

性质（1）～（4）在此不再证明．下面给出性质（5）的证明．

**证明** 以 $D(X+Y) = D(X) + D(Y) + 2\mathrm{Cov}(X,Y)$ 为例．

$$D(X+Y) = E[(X+Y) - E(X+Y)]^2 = E\{[X - E(X)] + [Y - E(Y)]\}^2$$

$$= E\{[X - E(X)]^2 + 2[X - E(X)][Y - E(Y)] + [Y - E(Y)]^2\}$$

$$= D(X) + D(Y) + 2E\{[X - E(X)][Y - E(Y)]\}$$

$$= D(X) + D(Y) + 2\mathrm{Cov}(X,Y)$$

**例 4.3.1** 设二维离散型随机变量 $(X,Y)$ 的分布律为

| X \ Y | −1 | 0 | 1 |
|---|---|---|---|
| 1 | 0.2 | 0.1 | 0.1 |
| 2 | 0.1 | 0 | 0.1 |
| 3 | 0 | 0.3 | 0.1 |

求 $\mathrm{Cov}(X,Y)$.

**解** $X$ 和 $Y$ 的边缘分布分别为

| X | 1 | 2 | 3 |
|---|---|---|---|
| P | 0.4 | 0.2 | 0.4 |

| Y | −1 | 0 | 1 |
|---|---|---|---|
| P | 0.3 | 0.4 | 0.3 |

于是

$$E(X) = 2, \quad E(Y) = 0$$

$$E(XY) = 0.2$$

$$\mathrm{Cov}(X,Y) = E(XY) - E(X)E(Y) = 0.2$$

**例 4.3.2**　设随机变量 $X$ 与 $Y$ 相互独立，其概率密度分别为

$$f_X(x) = \begin{cases} \mathrm{e}^{-x}, & x > 0 \\ 0, & \text{其他} \end{cases} \qquad f_Y(y) = \begin{cases} 2y, & 0 \leqslant y \leqslant 1 \\ 0, & \text{其他} \end{cases}$$

求 $\mathrm{Cov}(X, X - 3Y)$.

**解**
$$E(X) = \int_{-\infty}^{+\infty} x f(x) \mathrm{d}x = \int_{0}^{+\infty} x \mathrm{e}^{-x} \mathrm{d}x = 1$$

$$D(X) = \int_{-\infty}^{+\infty} [x - E(X)]^2 f(x) \mathrm{d}x = \int_{0}^{+\infty} (x-1)^2 \mathrm{e}^{-x} \mathrm{d}x = 1$$

由协方差性质得

$$\mathrm{Cov}(X, X - 3Y) = \mathrm{Cov}(X, X) - 3\mathrm{Cov}(X, Y) = D(X) - 0 = 1$$

## 二、相关系数

协方差是对两个随机变量的协同变化的度量，其大小在一定程度上反映了 $X$ 与 $Y$ 相互间关系的强弱，但由协方差定义知道，其有量纲，因此协方差的值还受 $X$ 与 $Y$ 本身度量单位的影响. 例如，$aX$ 和 $aY$ 之间的统计关系与 $X$ 和 $Y$ 之间的统计关系应该是一样的，但其协方差却扩大了 $a^2$ 倍，即

$$\mathrm{Cov}(aX, aY) = a^2 \mathrm{Cov}(X, Y)$$

为了避免随机变量因本身量纲不同而影响他们相互关系的度量，可将每个随机变量标准化.

称 $X^* = \dfrac{X - E(X)}{\sqrt{D(X)}}$ 为 $X$ 的标准化，易证得 $E(X^*) = 0, D(X^*) = 1$. 同样 $Y^* = \dfrac{Y - E(Y)}{\sqrt{D(Y)}}$ 为 $Y$ 的标准化，$E(Y^*) = 0$，$D(Y^*) = 1$. 显然 $X^*, Y^*$ 无量纲，且有

$$\mathrm{Cov}(X^*, Y^*) = E(X^* Y^*) - E(X^*)E(Y^*) = E(X^* Y^*)$$

$$= E\left[ \frac{X - E(X)}{\sqrt{D(X)}} \cdot \frac{Y - E(Y)}{\sqrt{D(Y)}} \right]$$

$$= \frac{E\{[X - E(X)][Y - E(Y)]\}}{\sqrt{D(X)}\sqrt{D(Y)}} = \frac{\mathrm{Cov}(X, Y)}{\sqrt{D(X)}\sqrt{D(Y)}}$$

此结果表明，可利用标准差对协方差进行修正，从而得到一个新的数字特征——相关系数.

**定义 4.3.2**　设 $(X, Y)$ 为二维随机变量，若 $D(X)$，$D(Y)$，$\mathrm{Cov}(X, Y)$ 存在，且 $D(X) > 0, D(Y) > 0$，则称 $\dfrac{\mathrm{Cov}(X, Y)}{\sqrt{D(X)}\sqrt{D(Y)}}$ 为 $X$ 与 $Y$ 的相关系数，记作 $\rho_{XY}$，即

$$\rho_{XY} = \frac{\mathrm{Cov}(X, Y)}{\sqrt{D(X)}\sqrt{D(Y)}}$$

显然相关系数为一个无量纲的量.

相关系数的性质：

设 $\rho_{XY}$ 是随机变量 $X$，$Y$ 的相关系数，则有

(1) $|\rho_{XY}| \leqslant 1$.

(2) $|\rho_{XY}| = 1$ 的充分必要条件是，存在常数 $a, b (a \neq 0)$，使 $P\{Y = aX + b\} = 1$. 而且当 $a > 0$ 时，$\rho_{XY} = 1$；当 $a < 0$ 时，$\rho_{XY} = -1$.

（3）若 $X$ 与 $Y$ 相互独立，则 $\rho_{XY}=0$，此时称 $X$ 与 $Y$ 不相关.

这里仅证明性质（1），性质（2）、（3）的证明略.

**证明**  因

$$D(X^* \pm Y^*) = D(X^*) + D(Y^*) \pm 2\text{Cov}(X^*, Y^*) = 1 + 1 \pm 2\text{Cov}(X^*, Y^*) = 2(1 \pm \rho_{XY})$$

再由方差的非负性得

$$1 \pm \rho_{XY} \geqslant 0$$

从而

$$|\rho_{XY}| \leqslant 1$$

**注**  ① 相关系数 $\rho_{XY}$ 刻画了随机变量 $Y$ 与 $X$ 之间的"线性相关"程度. $|\rho_{XY}|$ 的值越接近 1，$Y$ 与 $X$ 的线性相关程度越高；$|\rho_{XY}|$ 的值越接近于 0，$Y$ 与 $X$ 的线性相关程度越弱. 当 $|\rho_{XY}|=1$ 时，$Y$ 与 $X$ 的变化可完全由 $X$ 的线性函数给出. 当 $\rho_{XY}=0$ 时，$Y$ 与 $X$ 之间没有线性关系. 通常，当 $\rho_{XY}>0$ 时称 $X$ 与 $Y$ 正相关，当 $\rho_{XY}<0$ 时称 $X$ 与 $Y$ 负相关.

② 性质（3）说明两个随机变量相互独立，$\rho_{XY}=0$，即一定不线性相关. 但反之，当 $\rho_{XY}=0$ 时，只说明 $Y$ 与 $X$ 没有线性关系，并不能说明 $Y$ 与 $X$ 之间没有其他函数关系，从而不能推出 $Y$ 与 $X$ 独立（见例 4.3.3）.

**例 4.3.3**  设 $\theta$ 服从 $[-\pi, \pi]$ 上的均匀分布，且 $X=\sin\theta$，$Y=\cos\theta$，判断 $X$ 与 $Y$ 是否不相关，是否独立？

**解**  由于

$$E(X) = \frac{1}{2\pi} \int_{-\pi}^{\pi} \sin\theta \mathrm{d}\theta = 0, \quad E(Y) = \frac{1}{2\pi} \int_{-\pi}^{\pi} \cos\theta \mathrm{d}\theta = 0$$

而

$$E(XY) = \frac{1}{2\pi} \int_{-\pi}^{\pi} \sin\theta\cos\theta \mathrm{d}\theta = 0$$

因此

$$\text{Cov}(X,Y) = E(XY) - E(X)E(Y) = 0, \quad \rho_{XY} = 0$$

从而 $X$ 与 $Y$ 不相关. 但由于 $X$ 与 $Y$ 满足关系：

$$X^2 + Y^2 = 1$$

所以 $X$ 与 $Y$ 不独立.

**例 4.3.4**  设二维随机变量 $(X,Y)$ 的概率密度为

$$f(x,y) = \begin{cases} \dfrac{1}{\pi}, & x^2 + y^2 \leqslant 1 \\ 0, & \text{其他} \end{cases}$$

问 $X$ 与 $Y$ 是否相互独立？是否不相关？

**解**  边缘概率密度为

$$f_X(x) = \begin{cases} \dfrac{2}{\pi}\sqrt{1-x^2}, & |x| \leqslant 1 \\ 0, & \text{其他} \end{cases} \qquad f_Y(y) = \begin{cases} \dfrac{2}{\pi}\sqrt{1-y^2}, & |y| \leqslant 1 \\ 0, & \text{其他} \end{cases}$$

所以

$$f_X(x)f_Y(y) = \begin{cases} \dfrac{4}{\pi^2}\sqrt{1-x^2}\sqrt{1-y^2}, & |x| \leqslant 1, |y| \leqslant 1 \\ 0, & \text{其他} \end{cases}$$

因此 $f_X(x)f_Y(y) \neq f(x,y)$，即 $X$ 与 $Y$ 不相互独立．

又 $$E(X) = \int_{-1}^{1} x \frac{2}{\pi} \sqrt{1-x^2}\, dx = 0, \text{同理 } E(Y) = 0$$

所以 $$\text{Cov}(X,Y) = E(XY) - E(X)E(Y) = E(XY) = \iint\limits_{x^2+y^2 \leqslant 1} xy \frac{1}{\pi}\, dxdy = 0$$

即 $X$ 与 $Y$ 不相关．

表明 $X$ 与 $Y$ 不相关，但 $X$ 与 $Y$ 不相互独立．

由方差性质（4）"两个随机变量相互独立，有 $D(X \pm Y) = D(X) + D(Y)$"，其实条件可以更宽松，只要 $X$ 与 $Y$ 线性不相关，就有 $D(X \pm Y) = D(X) + D(Y)$ 成立．

**例 4.3.5** 设 $(X, Y)$ 服从二维正态分布，求 $X$ 和 $Y$ 的相关系数 $\rho_{XY}$．

**解** 因为 $(X, Y)$ 的边缘分布为 $X \sim N(\mu_1, \sigma_1^2), Y \sim N(\mu_2, \sigma_2^2)$

所以 $$EX = \mu_1, EY = \mu_2, DX = \sigma_1^2, DY = \sigma_2^2$$

而 $$\text{Cov}(X,Y) = E\{[X-E(X)][Y-E(Y)]\} = \int_{-\infty}^{+\infty}\int_{-\infty}^{+\infty} (x-\mu_1)(y-\mu_2) f(x,y) dxdy$$

$$= \frac{1}{2\pi\sigma_1\sigma_2\sqrt{1-\rho^2}} \int_{-\infty}^{+\infty}\int_{-\infty}^{+\infty} (x-\mu_1)(y-\mu_2) \times$$

$$\exp\left[\frac{-1}{2(1-\rho^2)}\left(\frac{y-\mu_2}{\sigma_2} - \rho\frac{x-\mu_1}{\sigma_1}\right)^2 - \frac{(x-\mu_1)^2}{2\sigma_1^2}\right] dydx$$

令 $$t = \frac{1}{\sqrt{1-\rho^2}}\left(\frac{y-\mu_2}{\sigma_2} - \rho\frac{x-\mu_1}{\sigma_1}\right), \quad u = \frac{x-\mu_1}{\sigma_1}$$

则有

$$\text{Cov}(X,Y) = \frac{1}{2\pi} \int_{-\infty}^{+\infty}\int_{-\infty}^{+\infty} (\sigma_1\sigma_2\sqrt{1-\rho^2}\, tu + \rho\sigma_1\sigma_2 u^2) e^{-\frac{u^2+t^2}{2}} dtdu$$

$$= \frac{\rho\sigma_1\sigma_2}{2\pi}\left(\int_{-\infty}^{+\infty} u^2 e^{-\frac{u^2}{2}} du\right)\left(\int_{-\infty}^{+\infty} e^{-\frac{t^2}{2}} dt\right) +$$

$$\frac{\sigma_1\sigma_2\sqrt{1-\rho^2}}{2\pi}\left(\int_{-\infty}^{+\infty} u e^{-\frac{u^2}{2}} du\right)\left(\int_{-\infty}^{+\infty} t e^{-\frac{t^2}{2}} dt\right)$$

$$= \frac{\rho\sigma_1\sigma_2}{2\pi}\sqrt{2\pi}\sqrt{2\pi} + 0 = \rho\sigma_1\sigma_2$$

于是 $$\rho_{XY} = \frac{\text{Cov}(X,Y)}{\sqrt{D(X)}\sqrt{D(Y)}} = \frac{\rho\sigma_1\sigma_2}{\sigma_1\sigma_2} = \rho$$

**注** ① 二维正态随机变量 $(X, Y)$ 的概率密度中的参数 $\rho$ 就是 $X$ 和 $Y$ 的相关系数，因而二维正态随机变量的分布完全可由 $X, Y$ 各自的数学期望、方差以及它们的相关系数所确定．

② 在第 3 章已得到，若 $(X, Y)$ 服从二维正态分布，则 $X$ 与 $Y$ 相互独立的充分必要条件是 $\rho = 0$. 现知，$\rho = \rho_{XY}$，故对于二维正态随机变量 $(X, Y)$ 来说，$X$ 和 $Y$ 不相关与 $X$ 和 $Y$ 相互独立是等价的．

对随机变量 $X$ 与 $Y$，下面事实是等价的．

① $\text{Cov}(X,Y) = 0$；

② $\rho_{XY} = 0$；

③ $E(XY) = (EX)(EY)$；

④ $D(X \pm Y) = D(X) + D(Y)$.

若随机变量 $X$ 与 $Y$ 相互独立，则以上四个等价式子均成立，但反之未必。

## 三、矩

数学期望、方差、协方差都是随机变量的数字特征，它们都是某种矩．矩是最广泛的一种数字特征，在概率论和数理统计中占有重要地位，下面介绍几种最常用的矩．

**定义 4.3.3** 设 $X$ 和 $Y$ 为随机变量，$k, l$ 为正整数，若

$$E(X^k), \qquad k = 1, 2, \cdots$$

存在，称其为 $X$ 的 $k$ 阶原点矩，简称 $k$ 阶矩．也记作 $\mu_k$.

若

$$E(|X|^k), \qquad k = 1, 2, \cdots$$

存在，则称其为 $X$ 的 $k$ 阶绝对原点矩．

若

$$E\{[X - E(X)]^k\}, \qquad k = 2, 3, \cdots$$

存在，则称其为 $X$ 的 $k$ 阶中心矩．也记作 $v_k$.

若

$$E(|X - E(X)|^k), \qquad k = 2, 3, \cdots$$

存在，则称其为 $X$ 的 $k$ 阶绝对中心矩．

对于二维随机变量 $(X, Y)$，若

$$E(X^k Y^l), \qquad k, l = 1, 2, \cdots$$

存在，则称其为 $X$ 和 $Y$ 的 $k + l$ 阶混合矩．

若 $E\{[X - E(X)]^k [Y - E(Y)]^l\}, \qquad k, l = 1, 2, \cdots$

存在，则称其为 $X$ 和 $Y$ 的 $k + l$ 阶混合中心矩．

显然，随机变量 $X$ 的数学期望 $E(X)$ 是 $X$ 的一阶原点矩，方差 $D(X)$ 是 $X$ 的二阶中心矩，$X$ 和 $Y$ 的协方差 $\mathrm{Cov}(X, Y)$ 是 $X$ 和 $Y$ 的二阶混合中心距．

**例 4.3.6** 设随机变量 $X$ 的概率密度为

$$f(x) = \begin{cases} \dfrac{1}{2}x, & 0 < x < 2 \\ 0, & \text{其他} \end{cases}$$

求随机变量 $X$ 的 1～3 阶原点矩和中心矩．

**解** 由公式

$$\mu_k = E(X^k) = \int_{-\infty}^{+\infty} x^k f(x) \, \mathrm{d}x = \int_0^2 x^k \left(\frac{1}{2}x\right) \mathrm{d}x$$

得原点矩

$$\mu_1 = \int_0^2 x \left(\frac{1}{2}x\right) \mathrm{d}x = \frac{1}{2} \int_0^2 x^2 \, \mathrm{d}x = \frac{1}{2} \times \frac{1}{3} x^3 \Big|_0^2 = \frac{4}{3}$$

$$\mu_2 = \int_0^2 x^2 \left(\frac{1}{2}x\right) \mathrm{d}x = \frac{1}{2}\int_0^2 x^3 \mathrm{d}x = \frac{1}{2}\times\frac{1}{4}x^4 \bigg|_0^2 = 2$$

$$\mu_3 = \int_0^2 x^3 \left(\frac{1}{2}x\right) \mathrm{d}x = \frac{1}{2}\int_0^2 x^4 \mathrm{d}x = \frac{1}{2}\times\frac{1}{5}x^5 \bigg|_0^2 = \frac{16}{5}$$

再求中心矩

$$\nu_1 = 0 \text{（任何变量的一阶中心矩为 0）}$$

由中心矩与原点矩的定义容易推得二者有如下关系

$$\nu_2 = \mu_2 - \mu_1^2 = 2 - \left(\frac{4}{3}\right)^2 = \frac{2}{9}$$

$$\nu_3 = \mu_3 - 3\mu_2\mu_1 + 2\mu_1^3 = \frac{16}{5} - 3\times2\times\frac{4}{3} + 2\times\left(\frac{4}{3}\right)^3 = -8$$

# 习 题 4

## (A)

1. 两台生产同一种零件的机床，一天生产中次品数的概率分别为

| 甲（次品数） | 0 | 1 | 2 | 3 |
|---|---|---|---|---|
| $p$ | 0.4 | 0.3 | 0.2 | 0.1 |
| 乙（次品数） | 0 | 1 | 2 | 3 |
| $p$ | 0.3 | 0.5 | 0.2 | 0 |

如果两台机床的产量相同，问哪台机床好？

2. 设随机变量 $X$ 具有分布

$$P\{X=k\}=\frac{1}{5}(k=1,2,3,4,5)$$

求 $E(X)$.

3. 盒内有 5 个球，其中 3 个白球，2 个黑球，从中随机地抽取 2 个，设 $X$ 为取得白球的个数，求 $E(X)$.

4. 设随机变量 $X$ 的概率分布为

| $X$ | $-1$ | 0 | $\frac{1}{2}$ | 1 | 2 |
|---|---|---|---|---|---|
| $p$ | $\frac{1}{3}$ | $\frac{1}{6}$ | $\frac{1}{6}$ | $\frac{1}{12}$ | $\frac{1}{4}$ |

求 $E(X),E(1-X),E(X^2)$.

5. 设连续型随机变量 $X$ 的概率密度为

$$f(x)=\begin{cases}kx^a, & 0<x<1 \\ 0, & \text{其他}\end{cases} \quad (k,a>0)$$

又已知 $E(X)=0.75$，求 $k,a$ 的值.

6. 设随机变量 $X$ 的概率密度为

$$f(x)=\begin{cases}Ax, & 0\leqslant x\leqslant 1 \\ 2-x, & 1<x\leqslant 2 \\ 0, & \text{其他}\end{cases}$$

求：(1) $A$；(2) $E(X)$；(3) $E(X^2)$；(4) $E(1+2X)$.

7. 设随机变量 $X$ 的概率密度为

$$f(x)=\begin{cases}e^{-x}, & x>0 \\ 0, & x\leqslant 0\end{cases}$$

求：(1) $Y=2X$ 的数学期望；(2) $Y=e^{-2X}$ 的数学期望.

8. 设随机变量 $X$ 与 $Y$ 相互独立，概率密度分别为

$$f_X(x)=\begin{cases}2x, & 0\leqslant x\leqslant 1 \\ 0, & \text{其他}\end{cases} \qquad f_Y(x)=\begin{cases}e^{5-y}, & y>5 \\ 0, & y\leqslant 5\end{cases}$$

求 $E(XY)$.

9. 设 100 件产品中有 10 件次品, 求任意取出的 5 件产品中次品数的数学期望和方差.

10. 设随机变量 $X$ 服从参数为 $\lambda$ 的泊松分布, 已知 $E[(X-1)(X-2)]=1$, 求 $\lambda$.

11. 设随机变量 $X$ 服从泊松分布, 且 $P\{X=1\}=P\{X=2\}$, 求 $E(X)$、$D(X)$.

12. 设 $X \sim N(1,2)$, $Y$ 服从参数为 3 的泊松分布, 且 $X$ 与 $Y$ 相互独立, 求 $D(XY)$.

13. 设随机变量 $X \sim U\left[-\dfrac{1}{2},\dfrac{1}{2}\right]$, $y=g(x)=\begin{cases} \ln x, & x>0 \\ 0, & x \leqslant 0 \end{cases}$, 求随机变量 $Y=g(X)$ 的数学期望和方差.

14. 设随机变量 $X$ 的分布函数为 $F(x)=\begin{cases} 1-\mathrm{e}^{-\lambda x}, & x>0 \\ 0, & 其他 \end{cases}$, 求 $E(X)$, $D(X)$.

15. 设随机变量 $X \sim f(x)=\begin{cases} \dfrac{1}{\pi\sqrt{1-x^2}}, & |x|<1 \\ 0, & 其他 \end{cases}$, 求 $E(X)$, $D(X)$.

16. 设随机变量 $X$ 服从二项分布 $B(n,p)$, 求 $Y=a^X-2$ 的数学期望 $E(Y)$, 其中 $a>0$.

17. 证明对于任意常数 $c$, 随机变量 $X$, 有
$$D(X)=E(X-c)^2-[E(X)-c]^2$$

18. 设二维随机变量 $(X,Y)$ 的概率密度为
$$f(x,y)=\begin{cases} \dfrac{1}{8}(x+y), & 0 \leqslant x \leqslant 2, 0 \leqslant y \leqslant 2 \\ 0, & 其他 \end{cases}$$
求 $E(X)$, $E(Y)$, $\mathrm{Cov}(X,Y)$, $\rho_{XY}$, $D(X+Y)$.

19. 设二维随机变量 $(X,Y)$ 的联合概率分布为

| $X$ \\ $Y$ | $-1$ | $0$ | $1$ |
|---|---|---|---|
| $-1$ | $\dfrac{1}{8}$ | $\dfrac{1}{8}$ | $\dfrac{1}{8}$ |
| $0$ | $\dfrac{1}{8}$ | $0$ | $\dfrac{1}{8}$ |
| $1$ | $\dfrac{1}{8}$ | $\dfrac{1}{8}$ | $\dfrac{1}{8}$ |

试验证 $X$ 和 $Y$ 是不相关的, 并判断 $X$ 和 $Y$ 是否独立.

20. 设随机变量 $X$ 与 $Y$, 已知 $D(X)=16$, $D(Y)=25$, $\rho_{XY}=0.5$, 求 $D(X+Y)$, $D(X-Y)$.

# (B)

1. 设 $X$ 为 $n$ 次独立试验中事件 $A$ 出现的次数，在第 $i$ 次试验中事件 $A$ 出现的概率为 $p_i$，$i=1,2,\cdots,n$，试求 $E(X)$，$D(X)$.

2. 在长为 $a$ 的线段上任取两点，求两点之间距离的数学期望与方差.

3. 地下铁道列车的运行间隔时间为 2min，一旅客在任意时刻进入月台，求候车时间的数学期望和方差.

4. 随机变量 $X$ 的分布律为 $P\{X=k\}=\dfrac{1}{2^k}(k=1,2,\cdots)$，求 $E(X)$，$D(X)$.

5. 设随机变量 $X$ 的概率密度为

$$f(x)=\begin{cases} \dfrac{2}{\pi}, & |x|\leqslant\dfrac{\pi}{2} \\ 0, & |x|>\dfrac{\pi}{2} \end{cases}$$

求 $E(X)$，$D(X)$.

6. 设随机变量 $X$ 的概率密度为

$$f(x)=\begin{cases} \dfrac{3}{(x+1)^4}, & x>0 \\ 0, & x\leqslant 0 \end{cases}$$

求 $E(X)$，$D(X)$.

7. 设随机变量 $X$ 的分布函数为

$$F(x)=\begin{cases} \dfrac{e^x}{2}, & x<0 \\ \dfrac{1}{2}, & 0\leqslant x<1 \\ 1-\dfrac{1}{2}e^{-(x-1)}, & x\geqslant 1 \end{cases}$$

求 $E(X)$，$D(X)$.

8. 设 $(X,Y)$ 的概率密度为

$$f(x,y)=\begin{cases} 12y^2, & 0\leqslant y\leqslant x\leqslant 1 \\ 0, & 其他 \end{cases}$$

求 $E(X)$，$E(Y)$，$E(XY)$，$E(X^2+Y^2)$.

9. 设 $(X,Y)$ 服从区域 $D=\{(x,y)\,|\,0<x<1,0<y<1\}$ 上的均匀分布，求相关系数 $\rho_{XY}$.

10. 设 $(X,Y)$ 的概率密度为

$$f(x,y)=\begin{cases} 1, & |y|<x,0<x<1 \\ 0, & 其他 \end{cases}$$

求 $E(X)$，$E(Y)$，$\mathrm{Cov}(X,Y)$.

11. 已知二维随机变量 $(X,Y)$ 服从二维正态分布，并且 $X,Y$ 分别服从正态分布 $N(1,9)$ 和 $N(0,16)$，$\rho_{XY}=-0.5$，设 $Z=\dfrac{1}{3}X+\dfrac{1}{2}Y$，试求 （1）$E(Z),D(Z)$；（2）$\rho_{XZ}$；（3）$X$ 和 $Z$ 是否相互独立？

12. 设 $X$ 是随机变量且 $E(X)=\mu,D(X)=\sigma^2$，证明对任意常数 $c$，$E(X-c)^2\geqslant E(X-\mu)^2$ 成立.

13. 设 $X$ 是连续型随机变量，且 $E|X|$ 存在，证明

$$P\{|X|\geqslant\varepsilon\}\leqslant\frac{E|X|}{\varepsilon}$$

其中 $\varepsilon>0$ 为常数.

14. 设随机变量 $X$ 服从拉普拉斯分布，其概率密度为

$$f(x)=\frac{1}{2\lambda}\mathrm{e}^{-\frac{|x|}{\lambda}},\quad -\infty<x<+\infty$$

其中 $\lambda>0$ 为常数，求 $X$ 的 $k$ 阶中心矩.

# 第 5 章  大数定律与中心极限定理

为了研究大量随机现象的统计规律，常常采用极限定理的形式去刻画，极限定理是概率论的基本理论之一，在概率论和数理统计的理论研究和实践应用中十分重要. 本章将介绍最基本的两类极限定理，即大数定律和中心极限定理. 前者以严格的数学形式表述了客观世界中的一般平均结果的稳定性，而后者则阐述了正态分布大量存在于客观世界之中的数学原理.

## §5.1  大数定律

第 1 章介绍概率的统计定义时指出，$n$ 次独立重复试验中随机事件发生的频率具有稳定性，即随着试验次数 $n$ 的增多，随机事件发生的频率逐渐稳定在某个常数附近. 本节所介绍的大数定律将从理论上对频率的稳定性加以证明. 方法与传统的极限理论是一致的. 为此，先介绍下面的一个重要的不等式.

**定理 5.1.1（切比雪夫不等式）** 设随机变量 $X$ 有数学期望 $E(X) = \mu$，方差 $D(X) = \sigma^2 < +\infty$，则对于任意给定的 $\varepsilon > 0$，都有

$$P\{|X - \mu| \geqslant \varepsilon\} \leqslant \frac{\sigma^2}{\varepsilon^2}$$

此不等式称为切比雪夫不等式.

**证明** 这里仅就连续型随机变量的情况来证明.

设 $X$ 的概率密度为 $f(x)$，则有

$$
\begin{aligned}
P\{|X - \mu| \geqslant \varepsilon\} &= \int_{|x-\mu| \geqslant \varepsilon} f(x)\mathrm{d}x \\
&\leqslant \int_{|x-\mu| \geqslant \varepsilon} \frac{(x-\mu)^2}{\varepsilon^2} f(x)\mathrm{d}x \\
&\leqslant \frac{1}{\varepsilon^2} \int_{-\infty}^{+\infty} (x-\mu)^2 f(x)\mathrm{d}x = \frac{\sigma^2}{\varepsilon^2}
\end{aligned}
$$

离散型随机变量的情况在此不再证明.

切比雪夫不等式也可以写成如下等价形式：

$$P\{|X - \mu| < \varepsilon\} \geqslant 1 - \frac{\sigma^2}{\varepsilon^2}$$

切比雪夫不等式表明：随机变量 $X$ 的方差越小，则事件 $\{|X - \mu| < \varepsilon\}$ 发生的概率越大，即 $X$ 的取值基本上集中在它的期望 $\mu$ 附近. 由此可见方差刻画了随机变量取值的离散程度.

在方差已知的情况下，切比雪夫不等式给出了 $X$ 与它的期望 $\mu$ 的偏差不小于 $\varepsilon$ 的概率的估计式，即用切比雪夫不等式，我们可以粗略估计随机变量 $X$ 落在以其期望 $\mu$ 为中

心的某区间的概率的大小. 如取 $\varepsilon = 3\sigma$，则有

$$P\{|X - \mu| \geqslant 3\sigma\} \leqslant \frac{\sigma^2}{9\sigma^2} \approx 0.111$$

于是，对任意给定的分布，只要期望和方差存在，则随机变量 $X$ 取值偏离 $\mu$ 超过 3 倍标准差的概率小于 0.111.

**例 5.1.1** 已知随机变量 $X$ 的期望 $E(X) = 80$，方差 $D(X) = 100$，试用切比雪夫不等式估计 $P\{60 < X < 100\}$ 的大小.

**解** $\qquad P\{60 < X < 100\} = P\{60 - 80 < X - 80 < 100 - 80\}$

$$= P\{-20 < X - \mu < 20\} = P\{|X - \mu| < 20\}$$

$$\geqslant 1 - \frac{100}{(20)^2} = 0.75$$

**定义 5.1.1** 设 $Y_1, Y_2, \cdots, Y_n, \cdots$ 是一个随机变量序列，$a$ 为常数. 若对任意 $\varepsilon > 0$，有

$$\lim_{n \to \infty} P\{|Y_n - a| < \varepsilon\} = 1$$

则称序列 $\{Y_n\}$ 依概率收敛于 $a$，记作 $Y_n \xrightarrow{P} a$.

依概率收敛的序列有如下性质：

**性质 5.1.1** 若 $X_n \xrightarrow{P} a$，$Y_n \xrightarrow{P} b$，函数 $g(x, y)$ 在 $(a, b)$ 点连续，则

$$g(X_n, Y_n) \xrightarrow{P} g(a, b)$$

**定理 5.1.2(切比雪夫大数定律)** 设 $X_1, X_2, \cdots, X_n, \cdots$ 是独立的随机变量序列，且存在 $E(X_i) = \mu_i, D(X_i) = \sigma_i^2, |D(X_i)| < C (i = 1, 2, \cdots)$，其中 $C$ 为与 $n$ 无关的常数，则对任意的 $\varepsilon > 0$，都有

$$\lim_{n \to \infty} P\left\{\left|\frac{1}{n} \sum_{i=1}^{n} X_i - \frac{1}{n} \sum_{i=1}^{n} \mu_i\right| < \varepsilon\right\} = 1$$

**证明** 记 $X = \frac{1}{n} \sum_{i=1}^{n} X_i$，则 $E(X) = \frac{1}{n} \sum_{i=1}^{n} \mu_i$，注意到 $X_1, X_2, \cdots, X_n, \cdots$ 相互独立及条件 $|D(X_i)| < C (i = 1, 2, \cdots)$，则 $D(X) = \frac{1}{n^2} \sum_{i=1}^{n} \sigma_i^2 < \frac{1}{n^2} \cdot nC = \frac{1}{n}C$.

从而由切比雪夫不等式得

$$P\left\{\left|\frac{1}{n} \sum_{i=1}^{n} X_i - \frac{1}{n} \sum_{i=1}^{n} \mu_i\right| \geqslant \varepsilon\right\} \leqslant \frac{\frac{1}{n}C}{\varepsilon^2} \to 0 \, (n \to \infty)$$

故有 $\lim\limits_{n \to \infty} P\left\{\left|\frac{1}{n} \sum_{i=1}^{n} X_i - \frac{1}{n} \sum_{i=1}^{n} \mu_i\right| < \varepsilon\right\} = 1$，结论得证.

此定理是俄国数学家切比雪夫在 1866 年得到的. 它是大数定律的一个相当普遍的结论，下面的定理可以看成是它的一个简单的推论.

**定理 5.1.3(伯努利大数定律)** 设 $\mu_n$ 是 $n$ 次独立重复试验中事件 A 发生的次数，$p(0 < p < 1)$ 是事件 A 在每次试验中发生的概率，则对任意的正数 $\varepsilon > 0$，有

$$\lim_{n \to \infty} P\left\{ \left| \frac{\mu_n}{n} - p \right| < \varepsilon \right\} = 1$$

或

$$\lim_{n \to \infty} P\left\{ \left| \frac{\mu_n}{n} - p \right| \geqslant \varepsilon \right\} = 0$$

**证明** 令

$$X_i = \begin{cases} 1, \text{在第 } i \text{ 次试验中事件 A 发生} \\ 0, \text{在第 } i \text{ 次试验中事件 A 不发生} \end{cases} (i = 1, 2, \cdots, n)$$

则 $X_1, X_2, \cdots, X_n$ 相互独立且 $X_i \sim B(1, p)$，$E(X_i) = p, D(X_i) = p(1-p), (i = 1, 2, \cdots, n)$，

$\mu_n = X_1 + X_2 + \cdots + X_n = \sum\limits_{i=1}^{n} X_i$，显然有 $\sum\limits_{i=1}^{n} X_i = \mu_n, E\left( \sum\limits_{i=1}^{n} X_i \right) = \sum\limits_{i=1}^{n} E(X_i) = np$.

当试验次数无限增多时，有独立随机变量序列 $X_1, X_2, \cdots, X_n, \cdots$. 故由定理 5.1.2，对任意的 $\varepsilon > 0$，有

$$\lim_{n \to \infty} P\left\{ \left| \frac{\mu_n}{n} - p \right| < \varepsilon \right\} = \lim_{n \to \infty} P\left\{ \left| \frac{1}{n} \sum_{i=1}^{n} X_i - \frac{1}{n} \sum_{i=1}^{n} p \right| < \varepsilon \right\} = 1$$

伯努利大数定律以严格的数学形式表达了频率的稳定性：当 $n$ 很大时，事件 A 发生的频率 $\frac{\mu_n}{n}$ 与事件 A 发生的概率 $p$ 有极大偏差的可能性很小. 这就是实际应用中，当试验次数很大时，可用事件发生的频率来近似代替该事件发生的概率的理论依据.

上述两个大数定律都是借助于切比雪夫不等式证得的，故对随机变量序列 $X_1, X_2, \cdots, X_n, \cdots$，要求各 $X_i$ 的方差存在. 下面介绍独立同分布的辛钦大数定律，从中可见，方差存在这一条件并不是必要的.

**定理 5.1.4(辛钦大数定律)** 设随机变量 $X_1, X_2, \cdots, X_n, \cdots$ 相互独立且服从同一分布，$E(X_i) = \mu(i = 1, 2, \cdots)$，则对任意的 $\varepsilon > 0$，有

$$\lim_{n \to \infty} P\left\{ \left| \frac{1}{n} \sum_{i=1}^{n} X_i - \mu \right| < \varepsilon \right\} = 1$$

证明略.

此定理表明，当 $n$ 充分大时，随机变量 $X$ 在 $n$ 次独立重复观测中的算术平均值 $\frac{1}{n} \sum\limits_{i=1}^{n} X_i$ 以较大的概率聚集在 $E(X)$ 附近，这就为随机变量 $X$ 的数学期望的估计提供了一条可行的途径. 这一思想方法将被应用于第 7 章中讨论参数的点估计理论中.

显然，伯努利大数定律是辛钦大数定律的特殊情形.

# §5.2　中心极限定理

正态分布是概率论中最重要的分布之一，在实际问题中，许多随机现象是由大量相互独立的随机因素综合影响所形成的，其中每一个因素在总的影响中所起的作用是微小的. 这类随机变量一般都服从或近似服从正态分布. 中心极限定理从理论上阐明了这种思想.

**定理 5.2.1(林德伯格-列维中心极限定理)** 设随机变量 $X_1, X_2, \cdots, X_n, \cdots$ 相互独立且服从同一分布,$E(X_i) = \mu, D(X_i) = \sigma^2 > 0 (i = 1, 2, \cdots, n)$,则对任意 $x \in R$,有

$$\lim_{n \to \infty} P\left\{ \frac{\sum_{i=1}^{n} X_i - n\mu}{\sqrt{n}\sigma} \leqslant x \right\} = \frac{1}{\sqrt{2\pi}} \int_{-\infty}^{x} e^{-\frac{t^2}{2}} dt = \Phi(x)$$

此定理说明,独立同分布但不一定服从正态分布的随机变量 $X_1, X_2, \cdots, X_n, \cdots$ 的 $n$ 项和的标准化随机变量在 $n$ 充分大时,近似服从标准正态分布;$n$ 项和 $\sum_{i=1}^{n} X_i$ 也就近似服从正态分布 $N(n\mu, n\sigma^2)$. 记作

$$\frac{\sum_{i=1}^{n} X_i - E(\sum_{i=1}^{n} X_i)}{\sqrt{D(\sum_{i=1}^{n} X_i)}} \overset{\text{近似}}{\sim} N(0,1)$$

或

$$\sum_{i=1}^{n} X_i \overset{\text{近似}}{\sim} N\left[ E(\sum_{i=1}^{n} X_i), D(\sum_{i=1}^{n} X_i) \right]$$

此式说明,在实际应用中,只要 $n$ 足够大,就可以近似地把 $n$ 个独立同分布的随机变量之和作为正态随机变量来处理.

根据定理条件,定理 5.2.1 又习惯称为独立同分布中心极限定理.

下面给出定理 5.2.1 的特殊情况.

**定理 5.2.2(棣莫佛-拉普拉斯中心极限定理)** 设在 $n$ 重伯努利试验中,事件 A 在每次试验中发生的概率为 $p(0 < p < 1)$,$\mu_n$ 为 $n$ 次试验中事件 A 发生的次数,则对任意 $x \in R$,有

$$\lim_{n \to \infty} P\left\{ \frac{\mu_n - np}{\sqrt{np(1-p)}} \leqslant x \right\} = \frac{1}{\sqrt{2\pi}} \int_{-\infty}^{x} e^{-\frac{t^2}{2}} dt = \Phi(x)$$

定理表明,正态分布是二项分布的极限分布. 当 $n$ 充分大时,可以用正态分布的概率来近似计算二项分布的概率. 即若 $X \sim B(n, p)$,则当 $n$ 充分大时,$X \overset{\text{近似}}{\sim} N(np, npq)$. 从而有

$$P\{a < X \leqslant b\} \approx \Phi\left( \frac{b - np}{\sqrt{npq}} \right) - \Phi\left( \frac{a - np}{\sqrt{npq}} \right)$$

其中 $q = 1 - p$.

在第 2 章中曾指出,泊松分布也可用来近似代替二项分布,请读者思考这两种近似代替的场合.

**例 5.2.1** 每颗炮弹命中飞机的概率都为 0.01,求 500 发炮弹至少命中 2 发的概率.

**解** 设 500 发炮弹命中飞机的炮弹数为 $X$,则 $X \sim B(n, p)$,其中

$$n = 500, p = 0.01, np = 5, \sqrt{npq} \approx 2.225$$

要求的是 $P\{X \geqslant 2\}$，下面用三种方法计算并加以比较

① 用二项分布公式计算：

$$P\{X \geqslant 2\} = 1 - P\{X = 0\} - P\{X = 1\}$$
$$= 1 - C_{500}^{0} \times 0.01^{0} \times 0.99^{500} - C_{500}^{1} \times 0.01 \times 0.99^{499}$$
$$\approx 0.9602$$

② 用泊松分布计算：$\lambda = np = 500 \times 0.01 = 5$

$$P\{X \geqslant 2\} \approx 1 - \frac{\lambda^{0}}{0!}e^{-\lambda} - \frac{\lambda^{1}}{1!}e^{-\lambda}$$
$$= 1 - e^{-5}(1 + 5) \approx 0.9596$$

③ 用定理计算：

$$P\{X \geqslant 2\} = 1 - P\{X < 2\} = 1 - P\{X \leqslant 1\}$$
$$\approx 1 - \Phi\left(\frac{1 - np}{\sqrt{npq}}\right)$$
$$= 1 - \Phi(-1.7978)$$
$$\approx 0.9633$$

**例 5.2.2** 一盒同型号螺丝钉共有 100 个，已知该型号的螺丝钉的质量是一个随机变量，期望值是 100g，标准差是 10g，求一盒螺丝钉的质量超过 10.2kg 的概率.

**解** 设 $X_i(i = 1, 2, \cdots, 100)$ 为第 $i$ 个螺丝钉的质量，且它们之间独立同分布，于是一盒螺丝钉的质量为 $X = \sum\limits_{i=1}^{100} X_i$，而且 $\mu = E(X_i) = 100, \sigma = \sqrt{D(X_i)} = 10, n = 100$.

由独立同分布中心极限定理有，$X = \sum\limits_{i=1}^{100} X_i \overset{\text{近似}}{\sim} N(10000, 10000)$，于是所求概率为

$$P\{X > 10200\} = 1 - P\{X \leqslant 10200\}$$

$$= 1 - P\left\{\frac{\sum\limits_{i=1}^{100} X_i - n\mu}{\sigma\sqrt{n}} \leqslant \frac{10200 - n\mu}{\sigma\sqrt{n}}\right\}$$

$$= 1 - P\left\{\frac{X - 10000}{100} \leqslant 2\right\} = 1 - \Phi(2)$$

$$= 1 - 0.9772 = 0.0228$$

**例 5.2.3** 在某保险公司 3000 个同龄人参加了某种保险，在一年中，这些人的死亡率为 0.1%. 参加保险的人在一年中的第一天交付保险费 10 元，死亡时家属可以从保险公司领取 2000 元. 试求保险公司一年中在这 3000 人的保险中获利不小于 10000 元的概率.

**解** 设 $X$ 表示一年中这批年龄的人中的死亡人数，则 $X \sim B(3\,000, 0.001)$，且

$$E(X) = np = 3000 \times 0.001 = 3$$
$$D(X) = npq = 3000 \times 0.001 \times 0.999 = 2.997$$

于是，由棣莫佛-拉普拉斯中心极限定理，$X \overset{\text{近似}}{\sim} N(3, 2.997)$. 又因为保险公司的年初收入为 $3000 \times 10 = 30000$ 元，赔付 $2000X$ 元，所以

$$P\{获利不小于 10000 元\} = P\{30000 - 2000X \geqslant 10000\} = P\{0 \leqslant X \leqslant 10\}$$

$$= P\left\{\frac{0-3}{\sqrt{2.997}} \leqslant \frac{X - np}{\sqrt{npq}} \leqslant \frac{10-3}{\sqrt{2.997}}\right\}$$

$$\approx \Phi\left(\frac{7}{\sqrt{2.997}}\right) - \Phi\left(-\frac{3}{\sqrt{2.997}}\right)$$

$$= \Phi(4.043) - \Phi(-1.773) = 0.96$$

故保险公司一年中从这 3000 人的保险中获利不小于 10000 元的概率为 0.96.

**例 5.2.4** 一生产线生产的产品成箱包装，每箱的质量是随机的. 假设每箱平均 50kg，标准差 5kg，若用最大载质量为 5t 的汽车承运，试利用中心极限定理说明每辆车最多装多少箱，才能保证不超载的概率大于 0.977?

**解** 设每辆车最多可以装 $n$ 箱，记 $X_i (i = 1, 2, \cdots, n)$ 为装运的第 $i$ 箱的质量（单位：kg），可以把 $X_1, X_2, \cdots, X_n$ 视为独立同分布的随机变量，$E(X_i) = 50, D(X_i) = 25$，另记 $Y_n = X_1 + X_2 + \cdots + X_n$ 为 $n$ 箱产品的总质量，根据林德伯格-列维中心极限定理，$Y_n \overset{近似}{\sim} N(50n, 25n)$，由题意，有

$$P\{Y_n \leqslant 5000\} = P\left\{\frac{Y_n - 50n}{5\sqrt{n}} \leqslant \frac{5000 - 50n}{5\sqrt{n}}\right\}$$

$$\approx \Phi\left(\frac{1000 - 10n}{\sqrt{n}}\right) \geqslant 0.977$$

查表得，$\frac{1000 - 10n}{\sqrt{n}} \geqslant 2$，$n < 98.02$，即最多可以装 98 箱.

# 习 题 5

## (A)

1. 设随机变量 $X$ 是抛掷一枚骰子所出现的点数，若给定 $\varepsilon=2$，$\varepsilon=2.5$，试计算 $P\{|X-E(X)|\geqslant\varepsilon\}$，并验证切比雪夫不等式成立.

2. 设电站供电网有 10000 盏灯，夜晚每一盏灯开灯的概率都是 0.7，而假定所有电灯开或关是相互独立的. 试用切比雪夫不等式估计夜晚同时开着的灯数在 6800～7200 的概率.

3. 在 $n$ 重伯努利试验中，事件 A 在一次试验里发生的概率为 $p$，设 $X$ 表示 $n$ 次试验中事件 A 发生的次数，试分别用切比雪夫不等式和中心极限定理估计满足下式的 $n$：
$$P\left\{\left|\frac{X}{n}-p\right|<\frac{1}{2}\sqrt{DX}\right\}\geqslant 99\%$$

4. 为了测定一台机床的质量，把它分解成 75 个部件来称量，假定每个部件称量误差（单位：kg）服从区间 $[-1,1]$ 上的均匀分布，且每个部件的称量误差相互独立，试求机床质量的总误差的绝对值不超过 10kg 的概率.

5. 袋装味精用机器装袋，每袋的净重为随机变量，且相互独立，其期望值为 100g，标准差为 10g. 一纸箱内装 200 袋，求一纸箱内味精净重大于 20.5kg 的概率.

6. 某学校有二年级学生 2000 人，在某时间内，每个学生想借某种教学参考书的概率都是 0.1. 试估计图书馆至少应准备多少本这样的书，才能以 97% 的概率保证满足同学的借书需要.

7. 一保险公司有 10000 人投保，每人每年付 12 元保险费，已知一年内投保人死亡率为 0.006，如死亡，公司付给死者家属 1000 元，求（1）保险公司年利润为 0 的概率；（2）保险公司年利润不少于 60000 元的概率.

8. 一食品店有三种蛋糕出售，由于售出哪一种蛋糕是随机的，因而售出一只蛋糕的价格是一个随机变量，它取 1（元），1.2（元），1.5（元）各个值的概率分别为 0.3，0.2，0.5. 某天售出 300 只蛋糕.

（1）求这天的收入至少为 400（元）的概率；

（2）求这天售出价格为 1.2（元）的蛋糕多于 60 只的概率.

## (B)

1. 设 $\{X_n\}$ 相互独立，$P\{X_n=\pm\sqrt{n}\}=\frac{1}{n}$，$P\{X_n=0\}=1-\frac{2}{n}(n=2,3,\cdots)$，证明 $\{X_n\}$ 服从大数定律.

2. 设 $a_n=\sum_{m=0}^{n}\frac{n^m}{m!}e^{-n}$，求证 $\lim_{n\to\infty}a_n=0.5$.

3. 设 $X_1,X_2,\cdots,X_n,\cdots$ 独立同分布，且 $E(X_i^k)=a_k(k=1,2,3,4)$. 证明当 $n$ 充分大时，$Z_n=\frac{1}{n}\sum_{i=1}^{n}X_i^2$ 近似服从正态分布.

# 第6章 数理统计的基本概念

前五章研究的是概率论的基本内容，随机变量的概率分布通常假定是已知的，但是在实际问题中，很多随机变量的分布是未知的，这就需要我们对随机现象进行观察，获取数据资料，推断随机变量所服从分布的类型．这就是数理统计研究的首要问题．

## §6.1 样本与统计量

先来介绍几个基本概念．

### 一、总体和样本

**定义 6.1.1** 观察对象的全体称为**总体**，组成总体的每一个元素称为**个体**．

总体的大小和范围由具体研究和考察的目的而定．总体与个体也是相对而言的．

例如，某厂生产的手机，如果考察手机在某省的总销量，则该省所有销售点的销售量为总体，各个销售点的销售量为个体；如果考察一批手机的寿命，则所有手机的寿命为总体，每个手机的寿命为个体．

值得注意的是，研究某些对象时，我们更关心的是它的数量指标，例如人的身高、产品的寿命等．假如总体的某些属性不是具体数值，如商品的等级，人的性别等，这些都可以通过转化将其数量化，跟随机变量的引入类似．这样一个总体就与一个随机变量对应起来，而个体可视为这个随机变量的取值．总体的分布也就是随机变量的分布．

为了研究总体的性质，就要对每个个体进行观测，从中获取数据．这往往是不切实际的．通常采用的方法是从总体中随机抽取部分个体进行观测，称之为抽样观测．

抽取样本是为了根据样本的取值情况来推断总体的分布，所以让所抽取的样本能尽可能地反映总体的真实情况，这就使得样本要具备某些特定性质．

若对总体 $X$ 的每一次观测都得到一个数值，并且这种数值是随观测而变化，所以它是一个随机变量，设观测 $n$ 次，则可得 $n$ 个随机变量，记为 $X_1, X_2, \cdots, X_n$.

**定义 6.1.2** 对总体 $X$ 进行的 $n$ 次观测，若它们具有以下性质：

(1) 代表性：$n$ 次观测在同一条件下随机进行，即每个 $X_i$ 与总体 $X$ 同分布；

(2) 独立性：$n$ 次观测独立进行，互不影响，即 $X_1, X_2, \cdots, X_n$ 相互独立．

则称 $(X_1, X_2, \cdots, X_n)$ 为来自总体 $X$ 的一个简单随机样本，简称**样本**，其中 $n$ 称为样本容量．当一次抽样完成后，得到的 $n$ 个数值 $(x_1, x_2, \cdots, x_n)$，称之为样本 $(X_1, X_2, \cdots, X_n)$ 的一个样本观测值，简称**样本值**，所有样本值构成的集合称为样本空间．

注意：对有限个体的抽样有两种方式：有放回抽样与无放回抽样．有放回抽样所得的样本为简单随机样本，但无放回抽样在实际操作中更为方便．只要是随机抽取，无放回抽样所得的样本也可以近似看成简单随机样本.

**定义 6.1.3** 设总体 $X$ 的分布函数为 $F(x)$,则称

$$F(x_1, x_2, \cdots, x_n) = \prod_{i=1}^{n} F(x_i)$$

为样本 $(X_1, X_2, \cdots, X_n)$ 的**联合分布函数**.

若总体 $X$ 为离散型随机变量,其分布律为 $P(X = x_i) = p_i$,$i = 1, 2, \cdots$,则样本的联合分布律为

$$P(X_1 = x_1, X_2 = x_2, \cdots, X_n = x_n) = \prod_{i=1}^{n} P(X_i = x_i) = \prod_{i=1}^{n} p_i$$

若总体 $X$ 为连续型随机变量,其密度函数为 $f(x)$,则样本的联合密度函数为

$$f(x_1, x_2, \cdots, x_n) = \prod_{i=1}^{n} f(x_i).$$

**例 6.1.1** 设总体 $X \sim P(\lambda)$,求其样本 $(X_1, X_2, \cdots, X_n)$ 的联合分布律.

**解** 由于 $X \sim P(\lambda)$,其分布律为

$$P(X = k) = \frac{\lambda^k}{k!} e^{-\lambda}, \quad k = 0, 1, 2, \cdots$$

由于样本的每个分量 $X_i$ 独立且均与 $X$ 同分布,故其联合分布律为

$$P(X_1 = k_1, X_2 = k_2, \cdots, X_n = k_n) = \prod_{i=1}^{n} P(X_i = k_i) = \prod_{i=1}^{n} P(X = k_i)$$

$$= \prod_{i=1}^{n} \frac{\lambda^{k_i}}{k_i!} e^{-\lambda} = \frac{1}{k_1! k_2! \cdots k_n!} \lambda^{\sum_{i=1}^{n} k_i} e^{-n\lambda}, \quad k_i = 0, 1, 2, \cdots.$$

## 二、统计量

### 1. 统计量的定义

利用样本值来推断总体的情况,还需对这些样本值进行加工和整理,把样本所含的信息集中起来. 常用的方法是,针对具体问题构造样本的一个函数,称之为统计量. 定义如下:

**定义 6.1.4** 设 $(X_1, X_2, \cdots, X_n)$ 为总体的一个样本,$g(X_1, X_2, \cdots, X_n)$ 为样本的函数且不含任何未知参数,则称 $g(X_1, X_2, \cdots, X_n)$ 为样本 $(X_1, X_2, \cdots, X_n)$ 的一个**统计量**.

实际上,统计量也是随机变量.

由样本 $(X_1, X_2, \cdots, X_n)$ 的观测值 $(x_1, x_2, \cdots, x_n)$,可得统计量 $g(X_1, X_2, \cdots, X_n)$ 的观测值 $g(x_1, x_2, \cdots, x_n)$,它是一个确定的数.

例如,设总体 $X \sim N(\mu, \sigma^2)$,其中参数 $\mu$、$\sigma^2$ 未知,$(X_1, X_2, \cdots, X_n)$ 为总体 $X$ 的一个样本,则 $\sum_{i=1}^{n} X_i$ 和 $\frac{1}{n} \sum_{i=1}^{n} X_i^2$ 都是统计量,而 $\frac{1}{\sigma}(X_1 + 2X_n)$ 和 $\frac{5X_1 - 2\mu}{3\sigma}$ 都不是统计量.

### 2. 常用统计量

设总体 $X$ 的一个样本为 $(X_1, X_2, \cdots, X_n)$,常用的统计量如下:

（1）样本均值

$$\overline{X} = \frac{1}{n}\sum_{i=1}^{n} X_i$$

其观测值为

$$\overline{x} = \frac{1}{n}\sum_{i=1}^{n} x_i$$

（2）样本方差
称统计量

$$S_n^2 = \frac{1}{n}\sum_{i=1}^{n} (X_i - \overline{X})^2$$

为样本方差，$S_n = \sqrt{S_n^2}$ 称为样本标准差.
也称统计量

$$S^2 = \frac{1}{n-1}\sum_{i=1}^{n} (X_i - \overline{X})^2$$

为样本方差（也称为修正样本方差，其含义在第七章讲述），其算数根 $S = \sqrt{S^2}$ 称为样本标准差. 在实际中，$S^2$ 比 $S_n^2$ 更常用，在以后讲样本方差通常指的是 $S^2$.

（3）样本 $k$ 阶原点矩

$$m_k = \frac{1}{n}\sum_{i=1}^{n} X_i^k, \qquad k = 1,2,\cdots$$

（4）样本 $k$ 阶中心矩

$$M_k = \frac{1}{n}\sum_{i=1}^{n} (X_i - \overline{X})^k, \qquad k = 1,2,\cdots$$

显然，样本的一阶原点矩就是样本均值，样本的二阶中心矩 $M_2$ 与 $S^2$ 的关系是

$$M_2 = \frac{n-1}{n}S^2$$

根据上述定义，可得如下结论.

**定理 6.1.1**　若总体 $X$ 的期望为 $\mu$，方差为 $\sigma^2$，则
（1）$E(\overline{X}) = E(X) = \mu$；
（2）$D(\overline{X}) = \dfrac{D(X)}{n} = \dfrac{\sigma^2}{n}$；
（3）$E(S^2) = D(X) = \sigma^2$.

**证明**　由于样本的每个分量 $X_1, X_2, \cdots, X_n$ 相互独立且与总体 $X$ 同分布，故

$$E(X_i) = E(X) = \mu, \quad D(X_i) = D(X) = \sigma^2, \quad i = 1,2,\cdots,n$$

所以

$$E(\overline{X}) = E\left(\frac{1}{n}\sum_{i=1}^{n} X_i\right) = \frac{1}{n}\sum_{i=1}^{n} E(X_i) = \frac{1}{n}\sum_{i=1}^{n} \mu = \mu$$

$$D(\overline{X}) = D\left(\frac{1}{n}\sum_{i=1}^{n} X_i\right) = \frac{1}{n^2}\sum_{i=1}^{n} D(X_i) = \frac{1}{n^2}\sum_{i=1}^{n} \sigma^2 = \frac{\sigma^2}{n}$$

$$
\begin{aligned}
E(S^2) &= E\Big[\frac{1}{n-1}\sum_{i=1}^{n}(X_i-\overline{X})^2\Big] \\
&= \frac{1}{n-1}E\sum_{i=1}^{n}(X_i-\overline{X})^2 \\
&= \frac{1}{n-1}E\sum_{i=1}^{n}(X_i^2-2\overline{X}X_i+\overline{X}^2) \\
&= \frac{1}{n-1}E\Big[\sum_{i=1}^{n}X_i^2-2\overline{X}\sum_{i=1}^{n}X_i+\sum_{i=1}^{n}\overline{X}^2\Big] \\
&= \frac{1}{n-1}E\Big[\sum_{i=1}^{n}X_i^2-2\overline{X}\cdot n\overline{X}+n\overline{X}^2\Big] \\
&= \frac{1}{n-1}E\Big[\sum_{i=1}^{n}X_i^2-n\overline{X}^2\Big] \\
&= \frac{1}{n-1}\Big[\sum_{i=1}^{n}EX_i^2-nE(\overline{X})^2\Big] \\
&= \frac{1}{n-1}\Big[\sum_{i=1}^{n}(\mu^2+\sigma^2)-n(\mu^2+\frac{1}{n}\sigma^2)\Big] \\
&= \sigma^2
\end{aligned}
$$

# §6.2   抽样分布

统计量的分布称为**抽样分布**. 本节将介绍以正态分布为基础而构造的三大抽样分布. 介绍抽样分布之前，先了解一下分位数的概念.

## 一、分位数

**定义 6.2.1**   给定一个实数 $\alpha(0<\alpha<1)$，称满足
$$P(X>F_\alpha)=\alpha$$
的临界值 $F_\alpha$ 为 $X$ 的**上侧 $\alpha$ 分位数**；称满足
$$P(|X|>T_{\frac{\alpha}{2}})=\alpha$$
的临界值 $T_{\frac{\alpha}{2}}$ 为 $X$ 的**双侧 $\alpha$ 分位数**.

例如，若 $X\sim N(0,1)$，则 $X$ 的上侧 $\alpha$ 分位数 $u_\alpha$ 和双侧 $\alpha$ 分位数 $u_{\frac{\alpha}{2}}$ 分别如图 6.1 和图 6.2 所示.

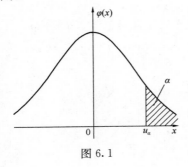
图 6.1

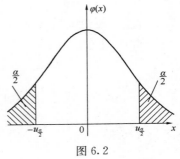
图 6.2

一般地，用 $u_\alpha$ 与 $u_{\frac{\alpha}{2}}$ 表示标准正态分布的上侧 $\alpha$ 分位数和双侧 $\alpha$ 分位数.

## 二、三大抽样分布

### 1. $\chi^2$ 分布

**定义 6.2.2**　设 $(X_1, X_2, \cdots, X_n)$ 为来自正态总体 $X \sim N(0,1)$ 的样本，则称随机变量

$$\chi^2 = \sum_{i=1}^{n} X_i^2$$

的分布为自由度 $n$ 的 $\chi^2$ 分布，记为 $\chi^2 \sim \chi^2(n)$. 其中自由度 $n$ 是表达式 $\sum\limits_{i=1}^{n} X_i^2$ 中独立变量的个数.

$\chi^2$ 分布具有以下性质：

（1）$\chi^2$ 分布的密度函数为

$$f(x) = \begin{cases} \dfrac{1}{2^{\frac{n}{2}} \Gamma\left(\dfrac{n}{2}\right)} x^{\frac{n}{2}-1} \mathrm{e}^{-\frac{x}{2}}, & x > 0 \\ 0, & x \leqslant 0 \end{cases}$$

其中 $\Gamma(s) = \displaystyle\int_0^{+\infty} x^{s-1} \mathrm{e}^{-x} \mathrm{d}x (s > 0)$ 为 $\Gamma$ 函数，$\Gamma(1) = 1$，$\Gamma\left(\dfrac{1}{2}\right) = \sqrt{\pi}$.

$\chi^2(n)$ 分布的密度函数的曲线如图 6.3 所示.

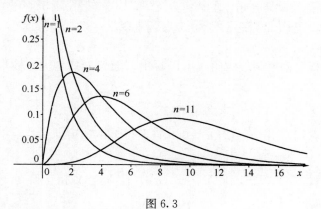

图 6.3

设 $\chi^2 \sim \chi^2(n)$，对于给定的数 $\alpha (0 < \alpha < 1)$，称满足

$$P[\chi^2 > \chi_\alpha^2(n)] = \alpha$$

的数 $\chi_\alpha^2(n)$ 为 $\chi^2$ 分布的上侧 $\alpha$ 分位数，具体的值可以通过查 $\chi^2$ 分布表（参见附表 4）得到.

（2）（$\chi^2$ 分布可加性）设 $\chi_i^2 \sim \chi^2(n_i), i = 1,2,\cdots,m$，且 $\chi_1^2, \chi_2^2, \cdots, \chi_m^2$ 相互独立，则 $\sum\limits_{i=1}^{m} \chi_i^2 \sim \chi^2\left(\sum\limits_{i=1}^{m} n_i\right)$.

（3）设 $\chi^2 \sim \chi^2(n)$，则 $E(\chi^2) = n, D(\chi^2) = 2n$.

**证** 因为 $X_i \sim N(0,1)$，$E(X_i) = 0$，$D(X_i) = 1$

所以

$$E(X_i^2) = E[X_i - E(X_i)]^2 = D(X_i) = 1$$

又由于

$$E(X_i^4) = \frac{1}{\sqrt{2\pi}} \int_{-\infty}^{+\infty} x^4 e^{-\frac{x^2}{2}} dx = \frac{2}{\sqrt{2\pi}} \int_0^{+\infty} x^4 e^{-\frac{x^2}{2}} dx$$

$$\overset{\diamondsuit t = \frac{x^2}{2}}{=} \frac{2}{\sqrt{2\pi}} \int_0^{+\infty} 4t^2 \cdot e^{-t} \cdot \frac{1}{\sqrt{2t}} dt = \frac{4}{\sqrt{\pi}} \int_0^{+\infty} t^{\frac{3}{2}} e^{-t} dt = \frac{4}{\sqrt{\pi}} \Gamma\left(\frac{5}{2}\right) = 3$$

所以

$$D(X_i^2) = E(X_i^4) - [E(X_i^2)]^2 = 3 - 1 = 2$$

从而

$$E(\chi^2) = E\left(\sum_{i=1}^n X_i^2\right) = \sum_{i=1}^n E(X_i^2) = n$$

再由 $X_1, X_2, \cdots, X_n$ 相互独立，从而 $X_1^2, X_2^2, \cdots, X_n^2$ 也相互独立，于是

$$D(\chi^2) = D\left(\sum_{i=1}^n X_i^2\right) = \sum_{i=1}^n D(X_i^2) = 2n.$$

（4）（渐近正态性）当 $n \to \infty$ 时，$\chi^2$ 分布的极限分布是标准正态分布.

即设 $\chi^2 \sim \chi^2(n)$，则

$$\lim_{n \to \infty} P\left(\frac{\chi^2 - n}{\sqrt{2n}} \leqslant x\right) = \frac{1}{\sqrt{2\pi}} \int_{-\infty}^x e^{-\frac{t^2}{2}} dt, \quad x \in \mathbf{R}$$

从 $\chi^2$ 分布的概率密度函数的曲线可以看出，随着 $n$ 的增大，图形逐渐接近于正态分布的密度曲线.

**例 6.2.1** 设 $\chi^2 \sim \chi^2(12)$，求满足 $P(\chi^2 > \lambda) = 0.9$ 的 $\lambda$.

**解** $\lambda$ 即为 $\chi_{0.9}^2(12)$，由 $n = 12$，$\alpha = 0.9$ 查表得 $\lambda = 6.304$.

**2. t 分布**

**定义 6.2.3** 设 $X \sim N(0,1)$，$Y \sim \chi^2(n)$，且 $X$ 与 $Y$ 相互独立，则称随机变量

$$T = \frac{X}{\sqrt{Y/n}}$$

的分布为自由度 $n$ 的 $t$ 分布，记为 $T \sim t(n)$. $t$ 分布又称学生分布.

$t$ 分布具有以下性质.

（1）$t$ 分布的密度函数为

$$f(x) = \frac{\Gamma\left(\frac{n+1}{2}\right)}{\sqrt{n\pi} \; \Gamma\left(\frac{n}{2}\right)} \left(1 + \frac{x^2}{n}\right)^{-\frac{n+1}{2}}, \; -\infty < x < +\infty$$

由于 $t$ 分布的密度函数 $f(x)$ 为偶函数，所以它的图像关于 $y$ 轴对称，形状与标准

正态分布的密度曲线类似，如图 6.4 所示.

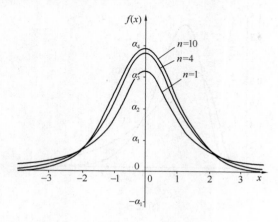

图 6.4

设 $T \sim t(n)$，对于给定的数 $\alpha(0 < \alpha < 1)$，称满足

$$P[T > t_\alpha(n)] = \alpha$$

的数 $t_\alpha(n)$ 为 $t$ 分布的上侧 $\alpha$ 分位数.

由密度函数曲线的对称性可得 $t_\alpha(n) = -t_{1-\alpha}(n)$，而 $t_\alpha(n)$ 的值可通过查 $t$ 分布表（参见附表 3）得到.

（2）设 $T \sim t(n)$，则 $E(T) = 0$，$D(T) = \dfrac{n}{n-2}(n > 2)$.

（3）（渐近正态性）当 $n \to \infty$ 时，$t$ 分布的极限分布是标准正态分布.

即设 $T \sim t(n)$，则

$$\lim_{n \to +\infty} f(x) = \frac{1}{\sqrt{2\pi}} \mathrm{e}^{-\frac{x^2}{2}}, \ x \in R$$

**3. F 分布**

**定义 6.2.4**　设 $X \sim \chi^2(m)$，$Y \sim \chi^2(n)$，且 $X$ 与 $Y$ 相互独立，则称随机变量

$$F = \frac{X/m}{Y/n}$$

的分布为服从第一自由度为 $m$，第二自由度为 $n$ 的 $F$ 分布，记作 $F \sim F(m,n)$.

$F$ 分布具有以下性质：

（1）$F(m,n)$ 分布的密度函数为

$$f(x) = \begin{cases} \dfrac{\Gamma\left(\dfrac{m+n}{2}\right)}{\Gamma\left(\dfrac{m}{2}\right)\Gamma\left(\dfrac{n}{2}\right)} \left(\dfrac{m}{n}\right)^{\frac{m}{2}} x^{\frac{m}{2}-1} \left(1 + \dfrac{m}{n}x\right)^{-\frac{m+n}{2}}, & x > 0 \\ \\ 0, & \text{其他} \end{cases}$$

$F$ 分布的密度函数 $f(x)$ 的曲线如图 6.5 所示.

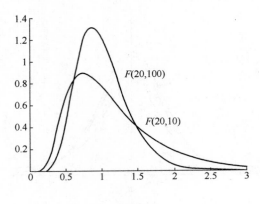

图 6.5

设 $F \sim F(m,n)$，对于给定的数 $\alpha(0 < \alpha < 1)$，称满足

$$P[F > F_\alpha(m,n)] = \alpha$$

的实数 $F_\alpha(m,n)$ 为 $F$ 分布的上侧 $\alpha$ 分位数，其值可通过查 $F$ 分布表（参见附表 5）得到.

（2）$T \sim t(n)$ 的充分必要条件是 $T^2 = F \sim F(1,n)$.

（3）若 $F \sim F(m,n)$，则 $\dfrac{1}{F} \sim F(n,m)$；$E(F) = \dfrac{n}{n-2}$；$D(T) =$

$\dfrac{2n^2(m+n-2)}{m(n-2)^2(n-4)}$.

## 三、正态总体下的抽样分布

先介绍单个正态总体的抽样分布.

**定理 6.2.1** 设 $(X_1, X_2, \cdots, X_n)(n \geqslant 2)$ 为来自总体 $X \sim N(\mu, \sigma^2)$ 的一个样本，则

（1）样本均值 $\overline{X} \sim N\left(\mu, \dfrac{\sigma^2}{n}\right)$；

（2）$\overline{X}$ 与样本方差 $S^2$ 相互独立；

（3）$\dfrac{(n-1)S^2}{\sigma^2} \sim \chi^2(n-1)$

**定理 6.2.2** 设 $(X_1, X_2, \cdots, X_n)(n \geqslant 2)$ 为来自正态总体 $X \sim N(\mu, \sigma^2)$ 的一个样本，则

$$\frac{\overline{X} - \mu}{S/\sqrt{n}} \sim t(n-1)$$

**例 6.2.2** 设总体 $X \sim N(3.4, 16)$，$(X_1, X_2, \cdots, X_9)$ 是来自总体 $X$ 的一个样本，求概率 $P(1.4 < \overline{X} < 5.4)$.

**解** 由于 $\sigma^2 = 16$，则

$$U = \frac{\overline{X} - 3.4}{4/\sqrt{9}} \sim N(0,1)$$

所以

$$P(1.4 < \overline{X} < 5.4) = P(|\overline{X} - 3.4| < 2)$$
$$= P\left(\frac{|\overline{X} - 3.4|}{4/\sqrt{9}} < \frac{2}{4/\sqrt{9}}\right) = P(|U| < 1.5)$$
$$= 2\Phi(1.5) - 1$$

查标准正态分布表(参见附表 1)得 $\Phi(1.5) = 0.9332$，于是

$$P(1.4 < \overline{X} < 5.4) = 2 \times 0.9332 - 1 = 0.8664.$$

接下来介绍两个正态总体的抽样分布.

**定理 6.2.3**　设 $(X_1, X_2, \cdots, X_{n_1})$ 和 $(Y_1, Y_2, \cdots, Y_{n_2})$ 分别是来自总体 $N(\mu_1, \sigma^2)$，$N(\mu_2, \sigma^2)$ 的相互独立的样本，则

$$\frac{\overline{X} - \overline{Y} - (\mu_1 - \mu_2)}{\sqrt{\dfrac{(n_1-1)S_1^2 + (n_2-1)S_2^2}{n_1+n_2-2}}\sqrt{\dfrac{1}{n_1} + \dfrac{1}{n_2}}} \sim t(n_1 + n_2 - 2)$$

其中 $S_1^2$、$S_2^2$ 分别为两个样本的方差，$\overline{X}$、$\overline{Y}$ 分别为两个样本的均值.

**定理 6.2.4**　设 $S_1^2$、$S_2^2$ 为分别来自正态总体 $N(\mu_1, \sigma_1^2)$、$N(\mu_2, \alpha_2^2)$ 的两个相互独立的容量分别为 $n_1$、$n_2$ 的样本的样本方差，则

$$\frac{S_1^2/\sigma_1^2}{S_2^2/\sigma_2^2} \sim F(n_1 - 1, n_2 - 1).$$

特别地，当 $\sigma_1 = \sigma_2$ 时，上式就是

$$\frac{S_1^2}{S_2^2} \sim F(n_1 - 1, n_2 - 1).$$

# 习 题 6

## (A)

1. 设总体 $X \sim B(1, p)$，其中 $0 < p < 1$，$(X_1, X_2, \cdots, X_n)$ 是来自总体 $X$ 的一个样本，求样本 $(X_1, X_2, \cdots, X_n)$ 的联合分布律.

2. 设总体 $X \sim E(\lambda)$，$(X_1, X_2, \cdots, X_n)$ 是来自总体 $X$ 的一个样本，求样本 $(X_1, X_2, \cdots, X_n)$ 的联合密度函数.

3. 设总体 $X \sim N(\mu, \sigma^2)$，$\mu$ 未知，$\sigma^2$ 已知，$(X_1, X_2, \cdots, X_n)$ 是来自总体 $X$ 的一个样本，指出 $\dfrac{1}{n}\sum\limits_{i=1}^{n} X_i$，$\dfrac{1}{\sigma^2}\sum\limits_{i=1}^{n}(X_i - \overline{X})^2$，$\dfrac{1}{\sigma^2}\sum\limits_{i=1}^{n}(X_i - \mu)^2$，$\max\limits_{1 \leqslant i \leqslant n}\{X_i\}$ 中哪些是统计量，哪些不是统计量？

4. 设样本 $(X_1, X_2, \cdots, X_n)$ 来自总体 $X$，且 $E(X) = \mu$，$D(X) = \sigma^2$，求 $E(\overline{X})$、$D(\overline{X})$.

5. 设样本的观测值为 8、9、5、7、3、10，求样本均值、样本方差和标准差.

6. 查表求以下上侧 $\alpha$ 分位数.

(1) $\chi^2_{0.95}(10)$；(2) $\chi^2_{0.01}(6)$；(3) $t_{0.05}(8)$；(4) $t_{0.025}(11)$；

(5) $F_{0.1}(5, 8)$；(6) $F_{0.005}(3, 7)$.

7. 设样本 $(X_1, X_2, \cdots, X_n)$ 来自总体 $X \sim N(10, 4)$.

(1) 设 $n = 4$，求 $P(9.02 \leqslant \overline{X} \leqslant 10.98)$；

(2) 设 $P(9.02 \leqslant \overline{X} \leqslant 10.98) = 0.95$，求 $n$ 的大小.

8. 已知 $\chi^2 \sim \chi^2(8)$，求使得 $P(\chi^2 > \lambda_1) = 0.05$ 和 $P(\chi^2 < \lambda_2) = 0.95$ 成立的 $\lambda_1$、$\lambda_2$.

9. 设总体 $X \sim N(\mu, 4)$，从中抽取样本 $(X_1, X_2, \cdots, X_{16})$.

(1) 设 $\mu = 0$，求 $P\left(\sum\limits_{i=1}^{16} X_i^2 < 128\right)$；

(2) 设 $\mu$ 未知，求 $P\left[\sum\limits_{i=1}^{16}(X_i - \overline{X})^2 < 100\right]$.

## (B)

1. 设样本 $(X_1, X_2, \cdots, X_6)$ 来自总体 $N(2, \sigma^2)$，$S$ 为样本标准差，问 $\dfrac{\overline{X} - 2}{S/\sqrt{5}}$ 服从什么分布？

2. 设 $(X_1, X_2, \cdots, X_{16})$ 和 $(Y_1, Y_2, \cdots, Y_9)$ 分别为来自正态总体 $N(\mu_1, \sigma^2)$、$N(\mu_2, \sigma^2)$ 的两个相互独立的样本，且 $S_1^2$、$S_2^2$ 分别为两个样本的方差，问 $\dfrac{S_1^2}{S_2^2}$ 服从什么分布？

3. 设 $(X_1, X_2, \cdots, X_{10})$ 为来自总体 $N(\mu, \sigma^2)$ 的一个样本，求下列概率：

(1) $P\Big[0.25\sigma^2 \leqslant \dfrac{1}{10}\sum\limits_{i=1}^{10}(X_i - \mu)^2 \leqslant 2.3\sigma^2\Big]$；

(2) $P\Big[0.25\sigma^2 \leqslant \dfrac{1}{10}\sum\limits_{i=1}^{10}(X_i - \overline{X})^2 \leqslant 2.3\sigma^2\Big]$.

4. 设 $(X_1, X_2, \cdots, X_{16})$ 为来自总体 $N(\mu, \sigma^2)$ 的一个样本，求

(1) $P\Big(\dfrac{S^2}{\sigma^2} > 2.041\Big)$；

(2) $D(S^2)$.

# 第 7 章　参数估计

参数估计是统计推断的基本问题之一．总体的特征是通过其分布刻画的，依据以往的经验和理论分析有时可以认为总体的分布类型已知，但分布中含有未知参数，需要通过样本来估计，这就是参数估计问题．若分布的形式未知，通过样本直接估计分布的形式，则属于非参数统计的问题．本章主要介绍参数估计的两种方法，即点估计和区间估计．

## §7.1　点　估　计

设总体 $X$ 的分布的 $f(x,\theta)$ 形式已知，其中 $\theta$ 是未知参数［也可以是未知向量 $\theta=(\theta_1,\theta_2,\cdots,\theta_k)^{\mathrm{T}}$］，$\theta\in\Theta$，$\Theta$ 是已知的，称为**参数空间**．当 $X$ 为离散型时，$f(x,\theta)$ 为分布律；当 $X$ 为连续型时，$f(x,\theta)$ 为密度函数．

如何估计未知参数呢？为了估计 $\theta$，首先必须从总体 $X$ 中抽得一个样本 $X_1$，$X_2$，$\cdots$，$X_n$，相应的一个样本观察值为 $(x_1,x_2,\cdots,x_n)$．点估计问题就是要构造一个适当的统计量 $\hat{\theta}(X_1,X_2,\cdots,X_n)$，用它的观察值 $\hat{\theta}(x_1,x_2,\cdots,x_n)$ 来估计未知参数 $\theta$，称统计量 $\hat{\theta}(X_1,X_2,\cdots,X_n)$ 为 $\theta$ 的**估计量**，称 $\hat{\theta}(x_1,x_2,\cdots,x_n)$ 为 $\theta$ 的**估计值**．在不致引起混淆的情况下统称估计量与估计值为**估计**，并都简记为 $\hat{\theta}$．

下面介绍两种常用的构造统计量的方法：矩估计法和极大似然估计法．

矩估计是 1900 年英国统计学家 K. Pearson 提出的一种方法，其基本思想是替换原理，即用样本矩替换同阶的总体矩．

设 $X_1$，$X_2$，$\cdots$，$X_n$ 是来自总体 $X$ 的样本，$X：f(x,\theta)$，$\theta=(\theta_1,\theta_2,\cdots,\theta_k)^{\mathrm{T}}$ 为 $k$ 维未知参数，$\theta\in\Theta$．样本的 $k$ 阶原点矩 $m_i=\dfrac{1}{n}\sum\limits_{j=1}^{n}x_j^i(i=1,2,\cdots,k)$，设随机变量 $X$ 的 $k$ 阶原点矩存在，即 $\mu_i=E(X^i)$，$i=1,2,\cdots,k$ 存在，显然 $\mu_i$ 为 $\theta$ 的函数，即 $\mu_i=E(X^i)=\mu_i(\theta_1,\theta_2,\cdots,\theta_k)$，$i=1,2,\cdots,k$．由替换原理，用 $m_i$ 替换 $\mu_i$，即

$$\begin{cases} \mu_1(\theta_1,\theta_2,\cdots,\theta_k)=m_1 \\ \mu_2(\theta_1,\theta_2,\cdots,\theta_k)=m_2 \\ \qquad\qquad\vdots \\ \mu_k(\theta_1,\theta_2,\cdots,\theta_k)=m_k \end{cases}$$

解出 $\hat{\theta}_i=\hat{\theta}_i(X_1,X_2,\cdots,X_n)$，$i=1,2,\cdots,k$，即为参数 $\theta=(\theta_1,\theta_2,\cdots,\theta_k)^{\mathrm{T}}$ 的矩估计．

注：以上原点矩的替换也可以改为中心矩的替换，即用样本的中心矩替换同阶的总体的中心矩．

**例 7.1.1**　设总体 $X$ 服从参数为 $p$ 的 $0-1$ 分布，试根据样本 $X_1,X_2,\cdots,X_n$ 确定参数 $p$ 的矩估计．

**解**　样本的一阶原点 $m_1 = \dfrac{1}{n}\sum_{i=1}^{n} X_i$，且总体 $X$ 一阶矩 $\mu_1 = E(X) = p$，令 $\mu_1 = m_1$，即

$$\mu_1 = p = \frac{1}{n}\sum_{i=1}^{n} X_i = \overline{X}$$

所以 $p$ 的矩估计为 $\hat{p} = \dfrac{1}{n}\sum_{i=1}^{n} X_i = \overline{X}$.

上例中总体只含一个参数，因此只需构造一个方程，就可以求出该参数的估计. 当总体中含有多个参数时，则需要构造方程组求未知参数的估计.

**例 7.1.2**　设总体 $X$ 的均值 $\mu$ 及方差 $\sigma^2$ 都存在，$\mu$，$\sigma^2$ 均为未知，$X_1$，$X_2$，$\cdots$，$X_n$ 是总体的一个样本，试求 $\mu$，$\sigma^2$ 的矩估计.

**解**　因 $\mu_1 = E(X) = \mu$，$\mu_2 = E(X^2) = \mu^2 + \sigma^2$，令

$$\begin{cases} \mu_1 = m_1 \\ \mu_2 = m_2 \end{cases}, \quad \text{即} \begin{cases} \mu_1 = \mu = \overline{X} \\ \mu_2 = m_2 = \mu^2 + \sigma^2 = \dfrac{1}{n}\sum_{i=1}^{n} X_i^2 \end{cases}$$

解方程组得到 $\mu$、$\sigma^2$ 的矩估计为

$$\hat{\mu} = \overline{X}, \quad \hat{\sigma}^2 = \frac{1}{n}\sum_{i=1}^{n} X_i^2 - \overline{X}^2 = \frac{1}{n}\sum_{i=1}^{n}(X_i - \overline{X})^2 = S_n^2.$$

**例 7.1.3**　设 $X_1, X_2, \cdots, X_n$ 是来自 $(\theta_1, \theta_2)$ 上的均匀分布的样本，$\theta_1 < \theta_2$ 未知，求 $\theta_1$，$\theta_2$ 的矩估计.

**解**　设总体为 $X$，则有 $E(X) = \dfrac{\theta_1 + \theta_2}{2}$，$D(X) = \dfrac{(\theta_2 - \theta_1)^2}{12}$，令

$$\begin{cases} \dfrac{\theta_1 + \theta_2}{2} = m_1 \\[2mm] \left(\dfrac{\theta_1 + \theta_2}{2}\right)^2 + \dfrac{(\theta_2 - \theta_1)^2}{12} = m_2 \end{cases}$$

解方程组得

$$\hat{\theta}_1 = \overline{X} - \sqrt{3S_n^2}, \quad \hat{\theta}_2 = \overline{X} + \sqrt{3S_n^2}$$

## §7.2　极大似然估计

极大似然估计是英国统计学家费希尔（R. A. Fisher）首先提出的，并且证明了这一方法的一些性质. 极大似然估计在理论上有很好的性质，是目前仍然得到广泛应用的方法. 极大似然估计的基本思想是利用抽样结果，寻找使这一结果出现的可能性最大的那个 $\theta$ 作为 $\theta$ 的估计. 为了说明这一思想，我们看一个例子.

**例 7.2.1**　设有外形完全相同的两个箱子，甲箱子中有 99 个白球和 1 个黑球，乙箱中有 99 个黑球和 1 个白球，今随机地抽取一箱，并从中随机抽取一球，结果取得白球，问这球是从哪一个箱子中取出的？

**解**　从甲箱中取出白球的概率为 0.99，从乙箱中取出白球的概率为 0.01，现在一次试验中取到白球这现象发生了，人们的第一印象就是：白球最像从甲箱中取出的，或者

说应该认为试验的条件对取出白球更有利，从而推断这球是从甲箱中取出的，这个推断符合经验事实，这里"最像"就是"极大似然"之意，这种想法称为"最大似然原理".

设 $X_1, X_2, \cdots, X_n$ 是来自总体 $X: f(x, \theta)$ 的样本，$\theta = (\theta_1, \theta_2, \cdots, \theta_k)^{\mathrm{T}}$ 为 $k$ 维未知参数，$\theta \in \Theta$，则 $(X_1, X_2, \cdots, X_n)$ 的联合分布为 $f(x_1, \theta) \cdots f(x_n, \theta)$ 是 $\theta$ 的函数.

令

$$L(\theta) = f(x_1, \theta) f(x_2, \theta) \cdots f(x_n, \theta) = \prod_{i=1}^{n} f(x_i, \theta)$$

则 $L(\theta)$ 是一个定义在 $\Theta$ 上的函数，称之为**似然函数**. $L(\theta)$ 表示由参数 $\theta$ 产生样本 $X_1, X_2, \cdots, X_n$ 的"可能性"大小. 如果将样本观测值看成得到的"结果"，$\theta$ 看成产生结果的原因，$L(\theta)$ 则是度量产生该结果的各原因的机会. 因此，$\theta$ 的一个合理的估计应使这种机会［其度量为 $L(\theta)$］达到最大的那个值，由此我们给出定义：若 $\hat{\theta}$ 满足

$$L(\hat{\theta}_1, \hat{\theta}_2, \cdots, \hat{\theta}_k) = \max_{\theta \in \Theta} L(\theta_1, \theta_2, \cdots, \theta_k)$$

则称 $\hat{\theta}$ 为 $\theta$ **极大似然估计**，其中 $\hat{\theta} = (\hat{\theta}_1, \hat{\theta}_2, \cdots, \hat{\theta}_k)$，$\hat{\theta}_1, \hat{\theta}_2, \cdots, \hat{\theta}_k$ 与样本值 $x_1, x_2, \cdots, x_n$ 有关，常记为 $\hat{\theta}_i(x_1, x_2, \cdots, x_n)$，$i = 1, 2, \cdots, k$.

如果若 $L(\theta) = f(x, \theta_1, \theta_2, \cdots, \theta_k)$ 关于 $\theta_1, \theta_2, \cdots, \theta_k$ 可导，一般用如下的方法求极大似然估计. 因 $L(\theta)$ 与 $\ln L(\theta)$ 在同一 $\theta_1, \theta_2, \cdots, \theta_k$ 处取得极值，所以 $\theta_1, \theta_2, \cdots, \theta_k$ 的参数估计由方程组

$$\frac{\partial \ln L}{\partial \theta_i} = 0, \quad i = 1, 2, \cdots k$$

中解得，上述方程称为**对数似然方程**.

需要指明的是，由高等数学知识，上述方法只是求出了 $L(\theta)$ 的可能极值点，需要进一步验证是否为最大值点，但这在目前我们能遇到的实际问题中都是满足的，故不需要验证的步骤.

**例 7.2.2** 设总体 $X \sim B(1, p)$，$X_1, X_2, \cdots, X_n$ 是来自 $X$ 的一个样本，求参数 $p$ 的极大似然估计.

**解** 总体 $X$ 的分布律为

$$P(X = x) = p^x (1-p)^{1-x}, \quad x = 0, 1$$

故似然函数

$$L(p) = \prod_{i=1}^{n} p^{x_i} (1-p)^{1-x_i} \quad (x_i = 0, 1)$$

$$= p^{\sum_{i=1}^{n} x_i} (1-p)^{n - \sum_{i=1}^{n} x_i}$$

对数似然函数为

$$\ln L(p) = \left( \sum_{i=1}^{n} X_i \right) \ln p + \left( n - \sum_{i=1}^{n} X_i \right) \ln(1-p)$$

解对数似然方程，令

$$\frac{\mathrm{d} \ln L(p)}{\mathrm{d} p} = \frac{\sum_{i=1}^{n} x_i}{p} - \frac{n - \sum_{i=1}^{n} x_i}{1-p} = 0$$

解得 $p$ 的极大似然估计为

$$\hat{p} = \frac{1}{n} \sum_{i=1}^{n} x_i = \overline{x}$$

**例 7.2.3** 设 $X \sim N(\mu, \sigma^2)$，$\mu$、$\sigma^2$ 为未知参数，$X_1$，$X_2$，$\cdots$，$X_n$ 是来自 $X$ 的一个样本，求 $\mu$、$\sigma^2$ 的极大似然估计.

**解** 总体 $X$ 的密度函数为

$$f(x, \mu, \sigma^2) = \frac{1}{\sqrt{2\pi}\sigma} e^{-\frac{(x-\mu)^2}{2\sigma^2}}, \quad -\infty < x < +\infty$$

似然函数为

$$L(\mu, \sigma^2) = \prod_{i=1}^{n} \frac{1}{\sqrt{2\pi}\sigma} e^{-\frac{(x_i-\mu)^2}{2\sigma^2}}$$

$$= (2\pi\sigma^2)^{-\frac{n}{2}} e^{-\frac{\sum\limits_{i=1}^{n}(x_i-\mu)^2}{2\sigma^2}}$$

对数似然函数为

$$\ln L(\mu, \sigma^2) = -\frac{n}{2} \ln \sigma^2 - \frac{n}{2} \ln(2\pi) - \frac{1}{2\sigma^2} \sum_{i=1}^{n} (x_i - \mu)^2$$

解对数似然方程组

$$\begin{cases} \dfrac{\partial \ln L}{\partial \mu} = 0 \\ \dfrac{\partial \ln L}{\partial \sigma^2} = 0 \end{cases}$$

得

$$\begin{cases} \dfrac{1}{\sigma^2} \left( \sum_{i=1}^{n} x_i - n\mu \right) = 0 \\ -\dfrac{n}{2\sigma^2} + \dfrac{1}{2(\sigma^2)^2} \sum_{i=1}^{n} (x_i - \mu)^2 = 0 \end{cases}$$

进一步，$\mu$、$\sigma^2$ 的极大似然估计为

$$\hat{\mu} = \overline{X}, \quad \hat{\sigma}^2 = \frac{1}{n} \sum_{i=1}^{n} X_i^2 - \overline{X}^2 = \frac{1}{n} \sum_{i=1}^{n} (X_i - \overline{X})^2$$

**例 7.2.4** 设总体 $X$ 服从参数是 $\theta$ 的指数分布，且 $\theta > 0$ 未知，求 $\dfrac{1}{\theta+1}$ 的极大似然估计.

**解** 总体 $X$ 的密度函数为

$$f(x, \theta) = \begin{cases} \theta e^{-\theta x}, & x > 0 \\ 0, & x \leqslant 0 \end{cases}$$

令 $\lambda = \dfrac{1}{\theta+1}$，则 $0 < \lambda < 1$，且 $\theta = \dfrac{1}{\lambda} - 1$，于是

$$L(\lambda) = \prod_{i=1}^{n} \theta e^{-x_i \theta} = \theta^n e^{-\theta \sum\limits_{i=1}^{n} x_i} = \left( \frac{1}{\lambda} - 1 \right)^n e^{-\left( \frac{1}{\lambda} - 1 \right) \sum\limits_{i=1}^{n} x_i}$$

令 $\dfrac{\partial \ln L}{\partial \lambda} = 0$，则

$$n \frac{\lambda}{1-\lambda} \times \frac{-1}{\lambda^2} + \frac{1}{\lambda^2} \sum_{i=1}^{n} X_i = 0$$

从而可求得 $\lambda$ 的极大似然估计 $\hat{\lambda} = \dfrac{\bar{x}}{\bar{x}+1}$，因此

$$\frac{1}{\hat{\theta}+1} = \frac{\bar{x}}{\bar{x}+1}$$

虽然求导是求极大似然估计最常用的方法，但并不是在所有的场合求导都是有效的，下面的例子说明了这个问题.

**例 7.2.5** 设总体 $X$ 服从 $(0,\theta)$ 上的均匀分布（$\theta > 0$，未知），试求 $\theta$ 的矩估计和极大似然估计.

**解** 总体 $X$ 的一阶原点矩 $\mu_1 = EX = \dfrac{0+\theta}{2} = \dfrac{\theta}{2}$，令 $\mu_1 = m_1 = \bar{x}$，得 $\theta$ 的矩估计

$$\hat{\theta} = 2\bar{x}$$

似然函数

$$L(\theta) = \prod_{i=1}^{n} f(x_i, \theta) = \frac{1}{\theta^n}, \quad 0 < x_1, x_2, \cdots, x_n < \theta$$

与前面的一些例子不同，$L(\theta)$ 在有些 $\theta$ 处间断，因此不能用求导的方法. 由 $L(\theta)$ 的表达式可见，要使 $L(\theta)$ 取得最大，应使 $\theta$ 取得尽量小，但 $\theta$ 又不能小于每个 $x_i$，因此 $\theta$ 的极大似然估计为

$$\hat{\theta} = \max\{x_1, x_2, \cdots x_n\}$$

# §7.3 估计量的优良性

从上节例 7.2.5 看出，对于同一参数，可以有不同的估计，这时就存在应采用哪一个估计的问题. 那么，这就产生了一个用什么样的标准评价估计量优劣的问题.

## 一、无偏性

设 $\theta$ 是总体分布中的未知参数，$\hat{\theta}$ 是它的估计量，既然 $\hat{\theta}$ 是样本的函数，因此对于不同的抽样结果 $x_1, x_2, \cdots, x_n, \hat{\theta}$ 的值也不一定相同，然而我们希望在多次试验中，用 $\hat{\theta}$ 作为 $\theta$ 的估计没有系统误差，即用 $\hat{\theta}$ 作为 $\theta$ 的估计，其平均偏差为 0，用式子表示即

$$E(\hat{\theta} - \theta) = 0$$

即

$$E(\hat{\theta}) = \theta$$

这就是估计量的无偏性的概念.

**定义 7.3.1** 设 $\hat{\theta}$ 为未知数 $\theta$ 的一个估计

若

$$E(\hat{\theta}) = \theta$$

则称 $\hat{\theta}$ 为参数 $\theta$ 的**无偏估计**.

**例 7.3.1**  设总体 $X$ 的均值为 $\mu$，方差为 $\sigma^2$．$X_1$，$X_2 \cdots$，$X_n$ 是来自总体 $X$ 的一个样本，求证：样本均值 $\overline{X}$ 是总体均值 $\mu$ 的无偏估计量，而样本方差 $S_n^2 = \dfrac{1}{n}\sum\limits_{i=1}^{n}(X_i - \overline{X})^2$ 不是 $\sigma^2$ 的无偏估计．

**证明**  因为

$$E(X_i) = E(X) = \mu, \quad i = 1,2,\cdots,n$$

所以

$$E(\overline{X}) = \frac{1}{n}\sum_{i=1}^{n}E(X_i) = \mu$$

即 $\overline{X}$ 是 $\mu$ 的无偏估计.

由于

$$\sum_{i=1}^{n}(X_i - \overline{X})^2 = \sum_{i=1}^{n}(X_i - \mu)^2 - n(\overline{X} - \mu)^2$$

从而

$$\begin{aligned}
E\Big[\sum_{i=1}^{n}(X_i - \overline{X})^2\Big] &= \sum_{i=1}^{n}E(X_i - \mu)^2 - nE(\overline{X} - \mu)^2\\
&= n\sigma^2 - nD(\overline{X})\\
&= n\sigma^2 - n\frac{\sigma^2}{n}\\
&= (n-1)\sigma^2
\end{aligned}$$

故

$$E(S_n^2) = \frac{n-1}{n}\sigma^2$$

由此可见，$S_n^2$ 不是 $\sigma^2$ 的无偏估计量，但是

$$E\Big(\frac{n}{n-1}S_n^2\Big) = \sigma^2$$

若使用修正的样本方差

$$S^2 = \frac{1}{n-1}\sum_{i=1}^{n}(X_i - \overline{X})^2$$

则

$$E(S^2) = \sigma^2$$

即 $S^2$ 是 $\sigma^2$ 的无偏估计.

**例 7.3.2**  设总体 $X$ 的 $k$ 阶原点矩 $\mu_k = E(X^k)$ 存在，又设 $X_1$，$X_2$，$\cdots$，$X_n$ 是总体 $X$ 的一个样本．

试证明：不论总体服从什么分布，样本 $k$ 阶原点矩 $m_k = \dfrac{1}{n}\sum\limits_{i=1}^{n}X_i^k$ 是总体 $k$ 阶原点矩 $\mu_k$ 的无偏估计．

**证明** 因为 $X_i$ 与 $X$ 同分布，故有

$$E(X_i^k) = E(X^k) = \mu_k, \quad k = 1, 2, \cdots n$$

即有

$$E(m_k) = E\left(\frac{1}{n}\sum_{i=1}^{n} X_i^k\right)$$

$$= \frac{1}{n}\sum_{i=1}^{n} E(X_i^k)$$

$$= \mu_k$$

此结论说明，不论总体 $X$ 服从什么分布，若其数学期望存在，$\overline{X}$ 总是总体 $X$ 的数学期望 $\mu = E(X)$ 的无偏估计.

**例 7.3.3** 设总体 $X$ 的数学期望 $\mu = EX$, $X_1, X_2, \cdots, X_n$ 是来自 $X$ 的一个样本，试证明：

$$\hat{\mu} = \alpha_1 X_1 + \alpha_2 X_2 + \cdots + \alpha_n X_n$$

是 $\mu$ 的无偏估计量，其中 $\alpha_1, \alpha_2 \cdots, \alpha_n$ 为任意常数，且满足 $\alpha_1 + \alpha_2 + \cdots + \alpha_n = 1$.

**证明** 因为

$$E(X_i) = E(X) = \mu, \quad i = 1, 2, \cdots, n$$

所以

$$E(\hat{\mu}) = E\left(\sum_{i=1}^{n} a_i X_i\right)$$

$$= \sum_{i=1}^{n} E(a_i X_i)$$

$$= \sum_{i=1}^{n} a_i E(X_i)$$

$$= \mu$$

故 $\hat{\mu}$ 是 $\mu$ 的无偏估计量.

由此可见，一个未知参数可以有不同的无偏估计，因此对于几个无偏估计，应有个区别优良的标准.

## 二、有效性

现在来比较参数 $\theta$ 的两个无偏估计量 $\hat{\theta}_1, \hat{\theta}_2$，如果在样本容量 $n$ 相同的情况下，$\hat{\theta}_1$ 的观察值较 $\hat{\theta}_2$ 更密集在 $\theta$ 的附近，我们就认为 $\hat{\theta}_1$ 较 $\hat{\theta}_2$ 更优，而 $\hat{\theta}_1$ 取值偏离 $\theta$ 的程度用 $E(\hat{\theta}_1 - \theta)^2$ 来表达，这个值越小，说明 $\hat{\theta}_1$ 的值越密集在 $\theta$ 的附近，因此比较 $\hat{\theta}_1, \hat{\theta}_2$ 相对于 $\theta$ 的分散度（即方差），分散度小者为优. 受此启发，给出下面定义.

**定义 7.3.2** 设 $\hat{\theta}_1 = \hat{\theta}_1(X_1, X_2, \cdots, X_n)$, $\hat{\theta}_2 = \hat{\theta}_2(X_1, X_2, \cdots, X_n)$ 都是 $\theta$ 的无偏估计量，若有

$$D(\hat{\theta}_1) < D(\hat{\theta}_2)$$

则称 $\hat{\theta}_1$ 比 $\hat{\theta}_2$ 有效.

**例 7.3.4** 设 $X_1$，$X_2$，$\cdots$，$X_{10}$ 是来自总体 $X$ 的容量为 10 的一个样本，$\hat{\theta}_1 = \overline{X}$，$\hat{\theta}_2 = X_1$，$\hat{\theta}_3 = \frac{1}{3}(X_1 + 2X_2)$ 都是 $\theta$ 的无偏估计，试比较它们的有效性.

**证明** 由于

$$D\hat{\theta}_1 = D\overline{X} = \frac{1}{10}DX$$

$$D\hat{\theta}_2 = DX_1 = DX$$

$$D\hat{\theta}_3 = D\left(\frac{X_1 + 2X_2}{3}\right) = \frac{1}{9}(DX_1 + 4DX_2) = \frac{5}{9}DX$$

所以 $\hat{\theta}_1$ 比 $\hat{\theta}_2$、$\hat{\theta}_3$ 有效，$\hat{\theta}_3$ 比 $\hat{\theta}_2$ 有效.

### 三、相合性

直观上看，一个估计的好坏是看估计得准不准，因此一个合理的估计至少具有这样的性质：当样本容量 $n$ 不断增大时，$\hat{\theta}$ 越来越接近 $\theta$，以至于最后完全重合. 但是 $\theta$ 为随机变量，必须明确什么意义下 $\theta$ 接近 $\hat{\theta}$，下面给出其定义.

**定义 7.3.3** 设 $\hat{\theta}(X_1, X_2, \cdots, X_n)$ 为参数 $\theta$ 的估计，若对任意 $\varepsilon > 0$，有

$$\lim_{n \to \infty} P\{|\hat{\theta} - \theta| < \varepsilon\} = 1$$

则称 $\hat{\theta}$ 为参数 $\theta$ 的**相合估计**.

估计量具有相合性是合理的，也是对估计量的一个基本要求，如果一个估计量，在样本容量不断增大时，不能把被估参数估计到任意指定的精度范围内，那么这个估计是值得怀疑的. 估计量的相合性通常应用大数定律或直接用定义来证明.

# §7.4 区间估计

前面讨论了未知参数的点估计问题，它是用估计量 $\hat{\theta}(X_1, X_2, \cdots, X_n)$ 的值作为未知参数 $\theta$ 的估计，然而不管 $\hat{\theta}$ 是一个怎样优良的估计量，用 $\hat{\theta}$ 去估计 $\theta$ 也只是一定程度的近似，至于如何反映精确度，参数的点估计并没有回答，也就是说，对于未知参数 $\theta$，除了求出它的点估计 $\hat{\theta}$ 外，我们还希望估计出一个范围，并希望知道这个范围包含参数 $\theta$ 真值的可信程度，这样的范围通常以区间的形式给出，同时还给出此区间包含参数 $\theta$ 真值的可信程度. 这种形式的估计称为区间估计，这样的区间即置信区间.

**定义 7.4.1** 设 $X_1, X_2, \cdots, X_n$ 是取自总体 $X$ 的样本，$\theta$ 为总体分布中的未知参数，$\hat{\theta}_1(X_1, X_2, \cdots X_n)$ 和 $\hat{\theta}_2(X_1, X_2, \cdots, X_n)$ 是由样本 $X_1, X_2, \cdots, X_n$ 确定的两个统计量，对于给定的 $\alpha(0 < \alpha < 1)$，若

$$P\{\hat{\theta}_1 < \theta < \hat{\theta}_2\} = 1 - \alpha$$

则称随机区间 $(\hat{\theta}_1, \hat{\theta}_2)$ 是 $\theta$ 的置信度为 $1 - \alpha$ 的置信区间，$\hat{\theta}_1$ 称为**置信下限**，$\hat{\theta}_2$ 称为

**置信下限**，$1-\alpha$ 称为**置信度**或**置信水平**. $\alpha$ 一般取较小的值，如 $\alpha=0.05$、$0.01$ 等，称 $\alpha$ 为**显著性水平**.

值得注意的是，置信区间 $(\hat{\theta}_1,\hat{\theta}_2)$ 是一个随机区间，对于给定的样本 $X_1,X_2,\cdots,X_n$，$(\hat{\theta}_1,\hat{\theta}_2)$ 可能包含 $\theta$，也可能不包含 $\theta$，但由随机区间的定义知 $(\hat{\theta}_1,\hat{\theta}_2)$ 以概率 $1-\alpha$ 包含 $\theta$. 若反复抽样多次（样本容量均为 $n$），得到许多的置信区间 $(\hat{\theta}_1,\hat{\theta}_2)$，在这些区间中，包含 $\theta$ 真值的约占 $100\,(1-\alpha)\%$，不包含 $\theta$ 真值的约仅占 $100\alpha\%$，例如，若 $\alpha=0.01$，反复抽样 $1000$ 次，则得到的 $1000$ 个区间中不包含 $\theta$ 真值的大约仅为 $10$ 个.

置信区间表示区间估计的可靠度，置信度越接近于 $1$ 越好. 区间长度表示估计的范围，即估计的精度，区间长度越短越好，当然置信度和区间长度是相互矛盾的. 在实际问题中，我们总是在保证可靠度的前提下，尽可能地提高精度，因此区间估计的问题就是在给定 $\alpha$ 值的情况下，利用样本 $X_1,X_2,\cdots,X_n$ 去求两个估计量 $\hat{\theta}_1,\hat{\theta}_2$ 的问题.

## 一、单个正态总体参数的区间估计

设总体 $X \sim N(\mu,\sigma^2)$，$X_1,X_2,\cdots,X_n$ 为取自总体 $X$ 的样本.

**1. 方差 $\sigma^2$ 已知，求均值 $\mu$ 的置信区间**

取 $\overline{X}$ 为 $\mu$ 的点估计，则随机变量 $U=\dfrac{\overline{X}-\mu}{\sigma/\sqrt{n}} \sim N(0,1)$. 对于给定的 $\alpha$，由上 $\alpha$ 分位点（见图 7.1）的概念，有

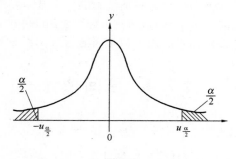

图 7.1

$$P\left\{\left|\frac{\overline{X}-\mu}{\sigma/\sqrt{n}}\right| < u_{\frac{\alpha}{2}}\right\} = 1-\alpha$$

即

$$P\left(\overline{X}-\frac{\sigma}{\sqrt{n}}u_{\frac{\alpha}{2}} < \mu < \overline{X}+\frac{\sigma}{\sqrt{n}}u_{\frac{\alpha}{2}}\right) = 1-\alpha$$

得到了 $\mu$ 的置信度为 $1-\alpha$ 的置信区间为

$$\left(\overline{X}-\frac{\sigma}{\sqrt{n}}u_{\frac{\alpha}{2}}, \quad \overline{X}+\frac{\sigma}{\sqrt{n}}u_{\frac{\alpha}{2}}\right)$$

如果取 $\alpha=0.05$，查表可得 $u_{\frac{\alpha}{2}}=u_{0.025}=1.96$，则 $\mu$ 的置信度为 0.95 的置信区间为

$$\left(\overline{X}-\frac{\sigma}{\sqrt{n}}\times 1.96,\quad \overline{X}+\frac{\sigma}{\sqrt{n}}\times 1.96\right)$$

**例 7.4.1** 某灯泡厂某天生产了一大批灯泡，从中抽取了 10 个进行寿命试验，得数据如下（单位：h）

　　　1050　1100　1080　1120　1200　1250　1040　1130　1300　1200

若灯泡的寿命服从正态分布 $N(\mu,8)$，试求平均寿命 $\mu$ 的置信度为 95% 的置信区间.

**解**　由题设知 $\overline{x}=1147,n=8,\sigma=8$，代入得到 $\mu$ 的置信度为 95% 的置信区间为

$$\left(1147-\frac{\sqrt{8}}{\sqrt{10}}\times 1.96,\ 1147+\frac{\sqrt{8}}{\sqrt{10}}\times 1.96\right)=(1147-1.75,\ 1147+1.75)$$
$$=(1145.25,\ 1148.75)$$

下面给出求未知参数 $\theta$ 的置信区间的一般步骤：

（1）设法构造一个样本 $X_1,X_2,\cdots,X_n$ 和 $\theta$ 的函数 $G=G(X_1,X_2,\cdots,X_n;\theta)$，$G$ 的分布已知或完全可以确定，且 $G$ 的分布不依赖于未知参数. 在很多场合 $G$ 可以由未知参数的点估计经过变形而获得.

（2）对于给定的置信度 $1-\alpha$，适当选择两个常数 $c$、$d$，使满足

$$P\{c<G(X_1,X_2,\cdots,X_n;\theta)<d\}=1-\alpha$$

（3）把 $c<G(X_1,X_2,\cdots,X_n;\theta)<d$ 等价变为

$$\hat{\theta}_1(X_1,X_2,\cdots X_n)<\theta<\hat{\theta}_2(X_1,X_2,\cdots,X_n)$$

则区间 $(\hat{\theta}_1,\hat{\theta}_2)$ 即为 $\theta$ 的置信度为 $1-\alpha$ 的置信区间.

**2. $\sigma^2$ 为未知，求均值 $\mu$ 的置信区间**

由于 $\sigma^2$ 未知，不能用随机变量 $U=\dfrac{\overline{X}-\mu}{\sigma/\sqrt{n}}\sim N(0,1)$ 求置信区间，考虑用 $\sigma^2$ 的无偏估计 $S^2$ 代替，由第 6 章的定理，知

$$T=\frac{\overline{X}-\mu}{S/\sqrt{n}}\sim t(n-1)$$

且右边的分布 $t(n-1)$ 不依赖于任何未知参数，再由 $t$ 分布上 $\alpha$ 分位点的概念（见图 7.2），知

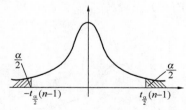

图 7.2

$$P\left\{-t_{\frac{\alpha}{2}}(n-1)<\frac{\overline{X}-\mu}{S/\sqrt{n}}<t_{\frac{\alpha}{2}}(n-1)\right\}=1-\alpha$$

即

$$P\left\{\overline{X}-\frac{S}{\sqrt{n}}t_{\frac{\alpha}{2}}(n-1)<\mu<\overline{X}+\frac{S}{\sqrt{n}}t_{\frac{\alpha}{2}}(n-1)\right\}=1-\alpha$$

于是得 $\mu$ 的置信度为 $1-\alpha$ 的置信区间为

$$\left(\overline{X}-\frac{S}{\sqrt{n}}t_{\frac{\alpha}{2}}(n-1),\ \overline{X}+\frac{S}{\sqrt{n}}t_{\frac{\alpha}{2}}(n-1)\right)$$

**例 7.4.2** 有一大批糖果，现随机地从中取 16 袋，称得重量（单位：g）如下：

| 506, | 508, | 499, | 503, | 504, | 510, | 497, | 512 |
| 514, | 505, | 493, | 496, | 506, | 502, | 509, | 496 |

设袋装糖果的重量近似地服从正态分布，试求总体均值 $\mu$ 的置信区间（$\alpha=0.05$）.

**解** 这里 $1-\alpha=0.95$，$\frac{\alpha}{2}=0.025$，$n-1=15$，查表得 $t_{0.025}(15)=2.1315$.
由给出的数据算得：$\overline{x}=503.75$，$S=6.2022$.
则 $\mu$ 的置信度为 0.95 的置信区间为

$$\left(503.75-\frac{6.2022}{\sqrt{16}}\times2.1315,\ \ 503.75+\frac{6.2022}{\sqrt{16}}\times2.1315\right)$$

即 $(500.4，507.1)$

### 3. 求方差 $\sigma^2$ 的置信区间

此时虽然也可以就 $\mu$ 是否已知分两种情况讨论 $\sigma^2$ 的置信区间，但在实际中 $\sigma^2$ 未知，$\mu$ 已知的情形是极为罕见的，所以我们只在 $\mu$ 未知条件下讨论 $\sigma^2$ 的置信区间.

$\sigma^2$ 的无偏估计为 $S^2$，由第 6 章的定理知

$$\frac{(n-1)S^2}{\sigma^2}\sim\chi^2(n-1)$$

并且上式右端的分布不依赖于任何未知参数，故有（参见图 7.3）

$$P\left\{\chi^2_{1-\frac{\alpha}{2}}(n-1)<\frac{(n-1)S^2}{\sigma^2}<\chi^2_{\frac{\alpha}{2}}(n-1)\right\}=1-\alpha$$

即

$$P\left\{\frac{(n-1)S^2}{\chi^2_{\frac{\alpha}{2}}(n-1)}<\sigma^2<\frac{(n-1)S^2}{\chi^2_{1-\frac{\alpha}{2}}(n-1)}\right\}=1-\alpha$$

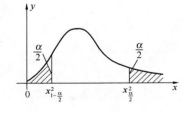

图 7.3

这就是方差 $\sigma^2$ 的一个置信度为 $1-\alpha$ 的置信区间

$$\left(\frac{(n-1)S^2}{\chi^2_{\frac{\alpha}{2}}(n-1)}, \frac{(n-1)S^2}{\chi^2_{1-\frac{\alpha}{2}}(n-1)}\right)$$

**例 7.4.3**　某厂生产的零件重量服从正态分布 $N(\mu,\sigma^2)$，现从该厂生产的零件中抽取 9 个，测得其质量（单位：g）为

$$45.3 \quad 45.4 \quad 45.1 \quad 45.3 \quad 45.5 \quad 45.7 \quad 45.4 \quad 45.3 \quad 45.6$$

求总体标准差 $\sigma$ 的 0.95 的置信区间.

**解**　由数据算得 $S^2=0.0325$，现 $\frac{\alpha}{2}=0.025$，$1-\frac{\alpha}{2}=0.975$，$n-1=8$，查表得：

$$\chi^2_{0.025}(8) = 2.1797, \quad \chi^2_{0.975}(8) = 17.5345$$

代入算得 $\sigma^2$ 的 0.95 置信区间为 $(0.0148, 0.1193)$，进一步得到 $\sigma$ 的 0.95 置信区间为 $(0.1218, 0.3454)$.

若总体 $X$ 不服从正态分布，那么由中心极限定理知，只要样本容量 $n$ 足够大 $(n \geqslant 50)$，$\overline{X}$ 近似服从正态分布 $N\left(\mu,\dfrac{\sigma^2}{n}\right)$，所以在大样本情况下，关于总体均值 $\mu$ 的区间估计与正态总体的情形类似，这里就不再叙述了.

## 二、两个正态总体参数的区间估计

设总体 $X \sim N(\mu_1,\sigma_1^2)$，$X_1,X_2,\cdots,X_m$ 为取自总体 $X$ 的样本，总体 $Y \sim N(\mu_2,\sigma_2^2)$，$Y_1,Y_2,\cdots,Y_n$ 为取自总体 $Y$ 的样本，且 $X_1,X_2,\cdots,X_m$ 与 $Y_1,Y_2,\cdots,Y_n$ 相互独立，求两总体均值差 $\mu_1-\mu_2$ 的置信区间.

若 $\sigma_1^2$、$\sigma_2^2$ 已知，因为 $\overline{X}-\overline{Y}$ 是 $\mu_1-\mu_2$ 的点估计，且 $\overline{X}-\overline{Y} \sim N\left(\mu_1-\mu_2,\dfrac{\sigma_1^2}{m}+\dfrac{\sigma_2^2}{n}\right)$

所以取

$$U = \frac{\overline{X}-\overline{Y}-(\mu_1-\mu_2)}{\sqrt{\dfrac{\sigma_1^2}{m}+\dfrac{\sigma_2^2}{n}}} \sim N(0,1)$$

此处 $\overline{X}=\dfrac{1}{m}\sum\limits_{i=1}^{m}X_i$，$\overline{Y}=\dfrac{1}{n}\sum\limits_{i=1}^{n}Y_i$.

由 $P(|U|<u_{\frac{\alpha}{2}})=1-\alpha$ 得到 $\mu_1-\mu_2$ 的 $1-\alpha$ 的置信区间

$$\left(\overline{X}-\overline{Y}-u_{\frac{\alpha}{2}}\sqrt{\frac{\sigma_1^2}{m}+\frac{\sigma_2^2}{n}}, \ \overline{X}-\overline{Y}+u_{\frac{\alpha}{2}}\sqrt{\frac{\sigma_1^2}{m}+\frac{\sigma_2^2}{n}}\right)$$

若 $\sigma_1^2=\sigma_2^2=\sigma^2$，但 $\sigma^2$ 未知，可记

$$S_{\mathrm{w}}^2 = \frac{1}{m+n-2}\left[\sum_{i=1}^{m}(X_i-\overline{X})^2 + \sum_{j=1}^{n}(Y_j-\overline{Y})^2\right]$$

取

$$T = \frac{\overline{X}-\overline{Y}-(\mu_1-\mu_2)}{S_{\mathrm{w}}\sqrt{\dfrac{1}{m}+\dfrac{1}{n}}} \sim t(m+n-2)$$

类似可以得到 $\mu_1 - \mu_2$ 的 $1-\alpha$ 的置信区间

$$\left( \overline{X} - \overline{Y} - t_{\frac{\alpha}{2}}(m+n-2)S_w\sqrt{\frac{1}{m}+\frac{1}{n}},\ \overline{X} - \overline{Y} + t_{\frac{\alpha}{2}}(m+n-2)S_w\sqrt{\frac{1}{m}+\frac{1}{n}} \right)$$

$\sigma_1^2/\sigma_2^2 = c$ 已知时，处理方法与 $\sigma_1^2 = \sigma_2^2 = \sigma^2$ 类似，不再叙述.

表 7.1 用列表形式给出正态总体下置信区间的一些结果，以便读者查用.

**表 7.1**

| 总体 | 被估参数 | 条件 | 置信度为 $1-\alpha$ 的置信区间 |
|---|---|---|---|
| $N(\mu,\sigma^2)$ | $\mu$ | $\sigma^2$ 已知 | $\left( \overline{X} - \dfrac{\sigma}{\sqrt{n}}u_{\frac{\alpha}{2}},\ \overline{X} + \dfrac{\sigma}{\sqrt{n}}u_{\frac{\alpha}{2}} \right)$ |
| | | $\sigma^2$ 未知 | $\left( \overline{X} - \dfrac{s}{\sqrt{n}}t_{\frac{\alpha}{2}}(n-1),\ \overline{X} + \dfrac{s}{\sqrt{n}}t_{\frac{\alpha}{2}}(n-1) \right)$ |
| $N(\mu_1,\sigma_1^2)$ $N(\mu_2,\sigma_2^2)$ | $\mu_1 - \mu_2$ | $\sigma_1^2,\sigma_2^2$ 已知 | $\left( \overline{X} - \overline{Y} \pm u_{\frac{\alpha}{2}}\sqrt{\dfrac{\sigma_1^2}{n_1}+\dfrac{\sigma_2^2}{n_2}} \right)$ |
| | | $\sigma_1^2,\sigma_2^2$ 未知 但 $\sigma_1^2 = \sigma_2^2$ | $\left( \overline{X} - \overline{Y} \pm t_{\frac{\alpha}{2}}(n_1+n_2-2)\sqrt{\dfrac{(n_1-1)S_1^2+(n_2-1)S_2^2}{n_1+n_2-2}\left(\dfrac{1}{n_1}+\dfrac{1}{n_2}\right)} \right)$ |
| 一般总体 | $\mu$ | $n \geqslant 50$, $\sigma^2$ 已知 | $\left( \overline{X} - \dfrac{\sigma}{\sqrt{n}}u_{\frac{\alpha}{2}},\ \overline{X} + \dfrac{\sigma}{\sqrt{n}}u_{\frac{\alpha}{2}} \right)$ |
| | | $n \geqslant 50$, $\sigma^2$ 未知 | $\left( \overline{X} - \dfrac{s}{\sqrt{n}}t_{\frac{\alpha}{2}}^{(n-1)},\ \overline{X} + \dfrac{s}{\sqrt{n}}t_{\frac{\alpha}{2}}^{(n-1)} \right)$ |
| $N(\mu,\sigma^2)$ | $\sigma^2$ | $\mu$ 未知 | $\left( \dfrac{(n-1)s^2}{\chi_{\frac{\alpha}{2}}^2(n-1)},\ \dfrac{(n-1)s^2}{\chi_{1-\frac{\alpha}{2}}^2(n-1)} \right)$ |
| $N(\mu_1,\sigma_1^2)$ $N(\mu_2,\sigma_2^2)$ | $\dfrac{\sigma_1^2}{\sigma_2^2}$ | $\mu_1,\mu_2$ 未知 | $\left( \dfrac{S_1^2}{S_2^2}\cdot\dfrac{1}{F_{\frac{\alpha}{2}}(n_1-1,n_2-1)},\ \dfrac{S_1^2}{S_2^2}\cdot\dfrac{1}{F_{1-\frac{\alpha}{2}}(n_1-1,n_2-1)} \right)$ |

# 习 题 7

## (A)

1. 设随机变量 $X$ 的概率分布为 $P(X=k)=q^{k-1}p$, $k=1,2,\cdots,0<p<1$, $q=1-p$, 其中 $p$ 为未知参数, $X_1$, $X_2$, $\cdots$, $X_n$ 是取自 $X$ 的一个样本, 试求 $p$ 的极大似然估计.

2. 设总体 $X$ 服从参数为 $\lambda$ ($\lambda>0$) 的指数分布, 求参数 $\lambda$ ($\lambda>0$) 的矩估计和极大似然估计.

3. 设 $X_1$, $X_2$, $\cdots$, $X_n$ 是取自总体 $X$ 的一个样本, $X$ 的密度函数为

$$f(x)=\begin{cases}(\theta+1)x^\theta, & 0<x<1 \\ 0, & 其他\end{cases}$$

其中 $\theta(\theta>0)$ 未知, 求 $\theta$ 的矩估计和极大似然估计.

4. 随机地抽取了自动车床加工的 10 个零件, 测得它们与规定尺寸 (单位: $\mu$m) 的偏差如下:

$$1, \ -2, \ 3, \ 2, \ 4, \ -2, \ 5, \ 3, \ 4$$

试用矩估计法估计零件尺寸偏差 $X$ 的均值和方差.

5. 已知某电子仪器的使用寿命服从参数是 $\lambda$ ($\lambda>0$) 的指数分布, 今随机抽取 14 台, 测得寿命数据如下 (单位: h)

1812  1890  2580  1789  2703  1921  2054  1354  1967  2324  1884  2120
2304  1480

求 $\lambda$ 的极大似然估计值.

6. 若总体均值 $\mu$ 和 $\alpha^2$ 均存在, 试证统计量

$$\hat{\mu}=\frac{2}{n(n+1)}\sum_{i=1}^{n}iX_i$$

是 $\mu$ 的无偏估计, 其中 $X_1$, $X_2$, $\cdots X_n$ 为取自该总体的一个样本.

7. 设总体 $X\sim P(\lambda)$, $\lambda$ 未知, $X_1,X_2,\cdots X_n$ 为一个样本, $\overline{X}$ 及 $S^2$ 分别为样本均值及样本方差, 试证明: $\dfrac{\overline{X}+S^2}{2}$ 为 $\lambda$ 的无偏估计.

8. 设 $X\sim N(\mu,1)$, 其中 $\mu$ 是未知参数, $(X_1,X_2)$ 为取自 $X$ 的样本, 试验证

$$\hat{\mu}_1=\frac{2}{3}X_1+\frac{1}{3}X_2$$

$$\hat{\mu}_2=\frac{1}{4}X_1+\frac{3}{4}X_2$$

$$\hat{\mu}_3=\frac{1}{2}X_1+\frac{1}{2}X_2$$

都是 $\mu$ 的无偏估计量, 并指出哪一个更有效.

9. 某车间生产滚珠，从长期的实践中知道，滚珠的直径（单位：mm）服从正态分布 $N(\mu, 0.2^2)$，从某天生产的产品中随机抽取 6 个，量得直径如下：

$$14.7, \ 15.0, \ 14.9, \ 14.8, \ 15.2, \ 15.1$$

求 $\mu$ 的 0.90 置信区间和 0.99 的置信区间.

10. 对某种钢材的抗剪强度进行了 10 次测试，得试验结果如下（单位：MPa）

$$578, \ 572, \ 570, \ 568, \ 572, \ 570, \ 570, \ 596, \ 584, \ 572$$

若已知抗剪力服从正态分布 $N(\mu, \sigma^2)$，求

（1）已知 $\sigma^2 = 25$，求 $\mu$ 的 $95\%$ 的置信区间；

（2）若 $\sigma^2$ 未知，求 $\mu$ 的 $95\%$ 的置信区间.

11. 使用铂球测定引力常数（单位：$10^{-11} \mathrm{m}^3 \mathrm{kg}^{-1} \mathrm{s}^{-2}$），得测得值如下：

$$6.0661, \ 6.676, \ 6.667, \ 6.678, \ 6.669, \ 6.668$$

设测定值服从 $N(\mu, \sigma^2)$，试求 $\sigma^2$ 的 $90\%$ 的置信区间.

## （B）

1. 设总体 $X$ 的均值 $\mu$ 和方差 $\sigma^2$ 都存在，$X_1, X_2, \cdots X_n$ 是该总体的一个样本，记 $\overline{X} = \dfrac{1}{n} \sum\limits_{i=1}^{n} X_i$，则总体方差 $\sigma^2$ 的矩估计为（　　）

（a）$\overline{X}$ 　　　　　　　（b）$\dfrac{1}{n} \sum\limits_{i=1}^{n} (X_i - \overline{X})^2$

（c）$\dfrac{1}{n-1} \sum\limits_{i=1}^{n} (X_i - \mu)^2$ 　　（d）$\dfrac{1}{n-1} \sum\limits_{i=1}^{n} (X_i - \overline{X})^2$

2. 矩估计必然是（　　）

（a）无偏估计 　　　　　　（b）总体矩的函数

（c）样本矩的函数 　　　　（d）极大似然估计

3. $\theta$ 为总体 $X$ 的未知参数，$\theta$ 的估计量 $\hat{\theta}$，则有（　　）

（a）$\hat{\theta}$ 是一个数，近似等于 $\theta$

（b）$\hat{\theta}$ 是一个随机变量

（c）$\hat{\theta}$ 是一个统计量，且 $E(\hat{\theta}) = \theta$

（d）当 $n$ 越大，$\hat{\theta}$ 的值可任意接近 $\theta$

4. 总体 $X \sim N(\mu, \sigma^2)$，则 $2 + \mu$ 的极大似然估计量为（　　）

（a）$2 + 2\overline{X}$ 　　　　　　（b）$2 + \dfrac{1}{2} \overline{X}$

（c）$2 + \dfrac{1}{4} \overline{X}$ 　　　　　（d）$2 + \overline{X}$

5. 设 $\hat{\theta}$ 是未知参数 $\theta$ 的一个估计量，若 $E(\hat{\theta}) \neq \theta$，则 $\hat{\theta}$ 是 $\theta$ 的（　　）

（a）极大似然估计 　　　　（b）矩估计

（c）有效估计 　　　　　　（d）有偏估计

6. 设 $X_1, X_2, \cdots X_n$ 为总体的一个样本，总体的密度函数为

$$f(x) = \begin{cases} \dfrac{1}{\theta} \mathrm{e}^{-\frac{x-\mu}{\theta}}, & x \geqslant \mu \\ 0, & \text{其他} \end{cases} \quad \text{其中 } \theta > 0, \theta、\mu \text{ 为未知参数}$$

求未知参数的极大似然估计.

7. 设总体 $X$ 服从 $[a, a+1]$ 上的均匀分布，$X_1, X_2, \cdots X_n$ 为一个样本，$\overline{X}$ 是总体 $X$ 的样本均值，试证明：$\hat{a} = \overline{X} - \dfrac{1}{2}$ 是 $a$ 的无偏估计.

8. 设总体 $X$ 的期望为零，方差 $\sigma^2$ 存在但未知，又 $X_1, X_2$ 为一个样本，试证：$\dfrac{1}{2}(X_1 + X_2)^2$ 为 $\sigma^2$ 的无偏估计.

9. 一车间生产滚珠，直径服从 $N(\mu, 0.05^2)$，从某天的产品里随机抽取 5 个，测得直径如下 （单位：mm）

$$14.6, \quad 15.1, \quad 14.9, \quad 15.2, \quad 15.1$$

试求平均直径的置信区间 $(\alpha = 0.05)$.

10. 假定新生男婴的体重服从正态分布，随机抽取 12 名新生婴儿，测得其体重为 （单位：g）.

$$3100, \quad 2520, \quad 3000, \quad 3000, \quad 3600, \quad 3160$$
$$2560, \quad 3320, \quad 2800, \quad 2600, \quad 3400, \quad 2540$$

试以 95% 的置信度估计新生男婴的平均体重.

11. 有一大批食盐，现从中随机地抽取 16 袋，称得重量（单位：g）如下

$$506, \quad 508, \quad 499, \quad 503, \quad 504, \quad 510, \quad 497, \quad 512$$
$$514, \quad 505, \quad 493, \quad 496, \quad 506, \quad 502, \quad 509, \quad 496$$

设袋装食盐的质量近似地服从正态分布，试求均值 $\mu$ 和标准差 $\sigma$ 的置信度为 95% 的置信区间.

12. 为了估计灯泡使用时数的均值 $\mu$ 和方差 $\sigma^2$，测试了 10 个灯泡，得 $\overline{X} = 1500\mathrm{h}$，$S^2 = 400$（$\mathrm{h}^2$）. 已知灯泡使用时数服从正态分布，求 $\mu$ 和 $\sigma^2$ 的置信度为 95% 的置信区间.

# 第8章 假设检验

假设检验是统计推断的另一个主要内容，假设检验的基本任务是：在总体的分布函数完全未知或只知其形式，但不知其参数的情况下，为了推断总体的某些未知特性，首先提出某些关于总体的假设，然后根据样本所提供的信息，对所提假设作出接受还是拒绝的论断．这类问题就是假设检验．

假设检验分为两类：一类是总体的分布函数形式已知，其检验目的是为了对总体的参数及其相关性质作出判断，这种问题称为参数检验；另一类是总体的分布形式不确知或完全未知，其检验目的是对其作出一般性论断，这种问题称为非参数检验．本章只讨论对总体参数的假设检验．

## §8.1 假设检验的基本概念

### 一、问题的提出

参数检验可以解决什么问题？具体如何进行？现结合以下例子来给予说明．

**例8.1.1** 用机床加工圆形零件，在正常情况下，零件的直径服从正态分布 $N(20, 1)$（单位：mm），今在某天生产的零件中随机抽查了 6 个，测得直径分别为（单位：mm）：

$$19 \quad 19.2 \quad 19.1 \quad 20.5 \quad 19.6 \quad 20.8$$

假定方差不变，问该天生产的零件是否符合要求？（即是否可以认为这天生产的零件的平均直径为 20mm）．

**解** 由题意可设该天生产的零件直径 $X \sim N(\mu, 1)$，问题就是要判断 $\mu = 20$ 是否成立．为此，提出两个对立的假设：

$$H_0 : \mu = 20, \ H_1 : \mu \neq 20$$

通常称 **$H_0$ 为原假设或零假设，称 $H_1$ 为备择假设**．其中备择假设 $H_1 : \mu \neq 20$ 关于 $\mu$ 是双侧的，称此类检验为**双侧检验**．如果接受 $H_0$，即认为 $\mu = 20$，则表明该天生产的零件符合要求；如果拒绝 $H_0$（即接受 $H_1$），即认为 $\mu \neq 20$，则表明该天生产的零件不符合要求．

### 二、假设检验的基本思想和方法

依据什么样的法则来决定接受还是拒绝 $H_0$？下面来建立假设检验的法则．

由于 $\overline{X}$ 是 $\mu$ 的无偏估计量，若 $H_0(\mu = \mu_0)$ 为真，则 $|\overline{X} - \mu_0|$ 通常应很小．若 $|\overline{X} - \mu_0|$ 不太小就不能认为 $H_0(\mu = \mu_0)$ 成立．选择一个适当的数 $k$，若

$$|\overline{X} - \mu_0| < k$$

则接受 $H_0$，若

$$|\overline{X} - \mu_0| > k$$

则拒绝 $H_0$. 这就是一个判断的法则.

如何选择数 $k$ 呢？这一问题与假设检验的两类错误有关.

由于我们作判断依靠的是从总体抽得的一个样本，不可避免地会犯各种错误. 即使实际 $H_0$ 是正确时（称 $H_0$ 为真），也有可能判断拒绝 $H_0$，这是一类错误，称为 **"弃真" 错误**（或**第一类错误**）. 犯 "弃真" 错误的概率常记为 $\boldsymbol{\alpha}$，

$$\alpha = P\{拒绝 H_0 \mid H_0 为真\}$$

另一类错误称为 **"存伪" 错误**（或**第二类错误**），它指是本来 $H_0$ 不正确，但却错误地接受了 $H_0$. 犯 "存伪" 错误的概率记作 $\boldsymbol{\beta}$，

$$\beta = P\{接受 H_0 \mid H_0 不真\}$$

在统计推断的过程中，人们当然希望犯两类错误的概率 $\alpha$ 与 $\beta$ 都尽可能小. 但研究表明：当样本容量 $n$ 固定时，$\alpha$ 变小则 $\beta$ 变大；反之 $\beta$ 变小则 $\alpha$ 变大. 因此，在实际问题中，通常的做法是先限制犯第一类错误的概率 $\alpha$，如指定一些较小的数 0.1、0.05、0.01 等作为 $\alpha$ 的值，使 $\beta$ 不太大. 然后，根据 $\alpha$ 的值来确定上述的 $k$ 值. 通常称 **$\alpha$ 为检验的显著性水平**. 这种假设检验问题称为显著性检验问题.

对给定的 $\alpha(0 < \alpha < 1)$，当 $H_0$ （$\mu = \mu_0$）成立时

$$\alpha = P\{|\overline{X} - \mu_0| > k\}$$

此时总体 $X \sim N(\mu_0, \sigma^2)$，故

$$\alpha = P\left\{\left|\frac{\overline{X} - \mu_0}{\frac{\sigma}{\sqrt{n}}}\right| > k \cdot \frac{\sqrt{n}}{\sigma}\right\} = P\{|U| > u_{\frac{\alpha}{2}}\}$$

其中 $U = \dfrac{\overline{X} - \mu_0}{\frac{\sigma}{\sqrt{n}}} \sim N(0, 1)$，$u_{\frac{\alpha}{2}}$ 为标准正态分布的上侧 $\frac{\alpha}{2}$ 分位数.

由于 $\alpha$ 已定，可查正态分布表求出 $u_{\frac{\alpha}{2}}$，$u_{\frac{\alpha}{2}}$ 称为临界值，区间

$$|U| > u_{\frac{\alpha}{2}}$$

称为 $H_0$ 的**拒绝域**，而

$$|U| < u_{\frac{\alpha}{2}}$$

称为 $H_0$ 的**接受域**. 其实在很大程度上可以说，确定假设检验的法则的过程就是寻找拒绝域的过程.

利用小概率原理我们来判断 $H_0$ 的真伪，小概率原理是指 "概率很小的随机事件在一次实验中几乎是不可能发生的". 当 $H_0$ 为真时，由于 $\alpha$ 较小，依小概率原理，统计量 $U = \dfrac{\overline{X} - \mu_0}{\frac{\sigma}{\sqrt{n}}}$ 落入拒绝域 $|U| > u_{\frac{\alpha}{2}}$，在一次试验中实际上是不可能事件. 因此，如果在一次实验中小概率事件 $\{|U| > u_{\frac{\alpha}{2}}\}$ 发生了，就表明 $H_0$ 是大有可疑的，即 $H_0$ 不可信，从而拒绝 $H_0$. 反之，若 $|U| < u_{\frac{\alpha}{2}}$，则说明 $H_0$ 与实际情况不矛盾，从而认为 $H_0$ 可信，接受 $H_0$.

上述用以检验 $H_0$ 真伪的统计量通常称为检验统计量.

对于例 8.1.1，若取 $\alpha = 0.05$，查标准正态分布表得临界值 $u_{0.025} = 1.96$，经由样本观测值计算，得

$$|U| = \left| \frac{\overline{X} - 20}{\frac{1}{\sqrt{6}}} \right| = 0.735 < 1.96$$

即 $|U|$ 落入接受域，故应接受 $H_0$，认为该天生产的零件平均直径为 20mm.

### 三、假设检验的一般步骤

根据上面的分析，处理假设检验问题的一般步骤如下：

(1) 根据实际情况提出原假设 $H_0$ 及备择假设 $H_1$；

(2) 确定检验用的统计量；

(3) 在显著性水平 $\alpha$ 下，求出拒绝域；

(4) 由样本观测值计算统计量的值；

(5) 推断 $H_0$：当统计量的值落入拒绝域，则拒绝 $H_0$，反之则接受 $H_0$.

# §8.2 一个正态总体参数的假设检验

设总体 $X$ 服从正态分布 $X \sim N(\mu, \sigma^2)$，$(X_1, X_2, \cdots, X_n)$ 为一个取自总体 $X$ 的样本，样本均值 $\overline{X} = \dfrac{1}{n} \sum\limits_{i=1}^{n} X_i$，修正样本方差 $S^2 = \dfrac{1}{n-1} \sum\limits_{i=1}^{n} (X_i - \overline{X})^2$，显著性水平为 $\alpha$.

### 一、关于总体均值 $\mu$ 的假设检验

关于未知参数 $\mu$ 可以提出如下几种常见的假设检验问题：

(1) $H_0: \mu = \mu_0, H_1: \mu \neq \mu_0$

(2) $H_0: \mu \leqslant \mu_0, H_1: \mu > \mu_0$

(3) $H_0: \mu \geqslant \mu_0, H_1: \mu < \mu_0$

其中 $\mu_0$ 为已知数，称形如式（1）的假设检验为双侧检验，称形如式（2）的假设检验为右侧检验，称形如式（3）的假设检验为左侧检验. 右侧检验和左侧检验统称为单侧检验.

下面分 $\sigma^2$ 已知和 $\sigma^2$ 未知两种情形来讨论.

**1. $\sigma^2$ 已知，关于均值 $\mu$ 的检验**

以上三种假设都可以取检验统计量

$$U = \frac{\overline{X} - \mu_0}{\frac{\sigma}{\sqrt{n}}}$$

对检验问题（1）当 $H_0$ 为真时

$$U \sim N(0, 1)$$

对给定的显著性水平 $\alpha$，由 $\alpha = P\{|U| > u_{\frac{\alpha}{2}}\}$ 查标准正态分布表，得临界值 $u_{\frac{\alpha}{2}}$，此时，$H_0$ 的拒绝域为

$$(-\infty, u_{\frac{\alpha}{2}}) \bigcup (u_{\frac{\alpha}{2}}, +\infty)$$

如图 8.1 所示.

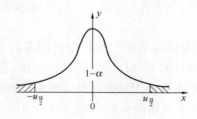

图 8.1

对检验问题（2）当 $H_0$ 为真时，事件

$$\left\{ U = \frac{\overline{X} - \mu_0}{\frac{\sigma}{\sqrt{n}}} > u_\alpha \right\} \subset \left\{ U' = \frac{\overline{X} - \mu}{\frac{\sigma}{\sqrt{n}}} > u_\alpha \right\}$$

所以 $P\{U > u_\alpha\} \leqslant P\{U' > u_\alpha\} = \alpha$. 因 $U' \sim N(0,1)$，从而由 $\alpha = P\{U' > u_\alpha\}$ 查标准正态分布表，可得临界值 $u_\alpha$，此时 $H_0$ 的拒绝域为

$$(u_\alpha, +\infty)$$

如图 8.2 所示.

对检验问题（3）类似地可由

$$\alpha = P\{U' < -u_\alpha\}$$

查标准正态分布表，得临界值 $-u_\alpha$，从而得 $H_0$ 的拒绝域为

$$(-\infty, -u_\alpha)$$

如图 8.3 所示.

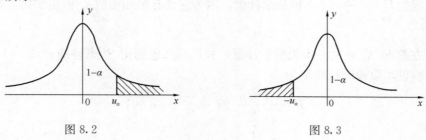

图 8.2                                    图 8.3

求出拒绝域后，再根据样本观测值计算统计量 $U$ 的值，若 $U$ 值落入拒绝域，则拒绝原假设 $H_0$，反之则接受原假设 $H_0$.

在上述假设检验问题中，我们都是利用统计量 $U = \dfrac{\overline{X} - \mu_0}{\dfrac{\sigma}{\sqrt{n}}}$ 来确定拒绝域的，这种

检验法常称为 $U$ 检验法.

顺便说明，有时总体 $X$ 不服从正态分布或 $X$ 的分布未知，由中心极限定理知道，

当样本容量 $n$ 较大时，随机变量

$$U = \frac{\overline{X} - E(X)}{\frac{\sqrt{D(X)}}{\sqrt{n}}}$$

渐近于标准正态分布，于是只要 $D(X)$ 已知，我们也可以采用 $U$ 检验法对总体均值进行假设检验.

**例 8.2.1** 设某车间在正常情况下生产的灯泡使用寿命 $X \sim N(1600, 80^2)$. 现从该车间生产的一批灯泡中随机地抽取 10 只，测得这批灯泡的寿命的平均值 $\overline{x} = 1653$h，如果已知这批灯泡寿命的方差不变，能否认为这批灯泡的寿命均值为 1600h? ($\alpha = 0.05$)

**解** 本题是在方差 $\sigma^2$ 已知下对均值 $\mu$ 的双侧检验，应用 $U$ 检验法.

(1) 提出假设 $H_0: \mu = 1600, H_1: \mu \neq 1600$；

(2) 取检验统计量 $U = \dfrac{\overline{X} - 1600}{\frac{60}{\sqrt{10}}}$；

(3) 对给定的显著性水平 $\alpha = 0.05$，查标准正态分布表，得临界值 $u_{\frac{\alpha}{2}} = u_{0.025} = 1.96$，拒绝域为 $(-\infty, -1.96) \bigcup (1.96, +\infty)$；

(4) 由样本观测值 $n = 10, \overline{x} = 1653, \sigma^2 = 80$ 计算得

$$|U| = \left| \frac{1653 - 1600}{\frac{80}{\sqrt{10}}} \right| = 2.10 > 1.96$$

故拒绝 $H_0$，即认为该车间生产的这批灯泡的平均寿命 $\mu \neq 1600$h.

**2. $\sigma^2$ 未知，关于总体均值 $\mu$ 的检验**

在实际问题中，方差 $\sigma^2$ 未知是最常见的. 一般只知道总体 $X \sim N(\mu, \sigma^2)$，而不知 $\sigma^2$ 时，样本函数 $U = \dfrac{\overline{X} - \mu_0}{\frac{\sigma}{\sqrt{n}}}$ 不再是统计量，因为它含有未知参数 $\sigma$. 但由于第 7 章已给出

修正样本方差 $S^2$ 是 $\sigma^2$ 的一个无偏估计量，我们自然想到用 $S^2$ 来替换 $\sigma^2$.

三种假设均取检验统计量为

$$T = \frac{\overline{X} - \mu_0}{\frac{S}{\sqrt{n}}} \text{ 或 } \frac{\overline{X} - \mu_0}{S_n}\sqrt{n-1}$$

对检验问题 (1) 在 $H_0$ 为真时

$$T \sim t(n-1)$$

由 $P\{|T| > t_{\frac{\alpha}{2}}(n-1)\} = \alpha$ 查 $t$ 分布表（附表 3），求出临界值 $t_{\frac{\alpha}{2}}(n-1)$，得 $H_0$ 的拒绝域为

$$(-\infty, -t_{\frac{\alpha}{2}}(n-1)) \bigcup (t_{\frac{\alpha}{2}}(n-1), +\infty)$$

如图 8.4 所示.

类似于上述 $U$ 检验问题的推导不难得到检验问题 (2) 的拒绝域为

$$(t_{\alpha}(n-1), +\infty)$$

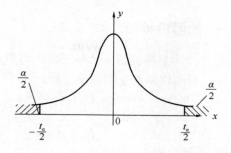

图 8.4

如图 8.5 所示. 检验问题（3）的拒绝域为

$$(-\infty, -t_\alpha(n-1))$$

如图 8.6 所示.

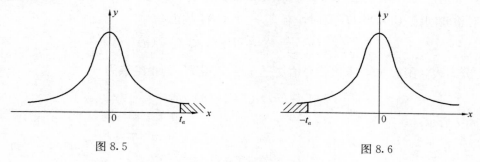

图 8.5　　　　　　　　　　　　　图 8.6

求出拒绝域后，再根据样本观测值计算统计量 $T$ 的值，若 $T$ 值落入拒绝域，则拒绝原假设 $H_0$，反之，则接受原假设 $H_0$.

通常称此类检验方法为 $t$ 检验法.

**例 8.2.2** 设某计算机公司所使用的现行系统通过每个程序的平均时间为 45s，今在一个新系统中进行试验，试通过 9 个程序，所需计算时间如下（单位：s）：

30　　37　　42　　35　　36　　40　　47　　48　　45

由此数据能否断言，新系统能减少通过程序的平均时间. 假设通过每个程序的时间服从正态分布 $N(\mu, \sigma^2)$. （$\alpha = 0.05$）

**解** 由于 $\sigma^2$ 未知，采用 $t$ 检验法.

（1）提出假设　$H_0: \mu \geqslant 45$，　$H_1: \mu < 45$.

（2）取检验统计量

$$T = \frac{\overline{X} - 45}{\dfrac{S}{\sqrt{9}}}$$

（3）对给定的 $\alpha = 0.05$，查附表 3，得临界值 $-t_{0.05}(8) = -1.8595$，拒绝域为 $(-\infty, -1.8595)$.

（4）由样本值计算 $T = -2.4828 < -1.38595$.

故拒绝原假设 $H_0$，即认为新系统能减少通过程序的平均时间而优于现行系统.

### 二、关于总体方差 $\sigma^2$ 的假设检验

关于 $\sigma^2$ 的假设检验问题也分为总体均值 $\mu$ 已知和总体均值 $\mu$ 未知两种情形. 在每种情形下又可以分为双侧检验、右侧检验和左侧检验三种.

$(4) H_0 : \sigma^2 = \sigma_0^2, \quad H_1 : \sigma^2 \neq \sigma_0^2$

$(5) H_0 : \sigma^2 \leqslant \sigma_0^2, \quad H_1 : \sigma^2 > \sigma_0^2$

$(6) H_0 : \sigma^2 \geqslant \sigma_0^2, \quad H_1 : \sigma^2 < \sigma_0^2$

**1. 期望 $\mu$ 已知时, $\sigma^2$ 的假设检验**

由于 $\mu$ 已知, 三类检验均取检验统计量

$$\chi^2 = \sum_{i=1}^{n} \left( \frac{X_i - \mu}{\sigma_0} \right)^2$$

然后, 分别针对不同的检验问题, 在给定的显著性水平 $\alpha$ 之下来求拒绝域.

对检验问题 (4) 当 $H_0$ 真时, 有 $\chi^2 \sim \chi^2(n)$, 故由

$$P\{\chi^2 > \chi_{\frac{\alpha}{2}}^2(n)\} = \frac{\alpha}{2}, \quad P\{\chi^2 < \chi_{1-\frac{\alpha}{2}}^2(n)\} = \frac{\alpha}{2}$$

查 $\chi^2$ 分布表 (附表 4), 求出临界值 $\chi_{1-\frac{\alpha}{2}}^2$, $\chi_{\frac{\alpha}{2}}^2$, 得 $H_0$ 的拒绝域为

$$(0, \chi_{1-\frac{\alpha}{2}}^2(n)) \bigcup (\chi_{\frac{\alpha}{2}}^2(n), +\infty)$$

如图 8.7 所示.

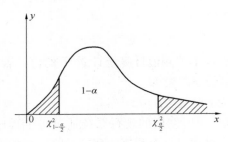

图 8.7

不难推得检验问题 (5) 的拒绝域为

$$(\chi_{\alpha}^2(n), +\infty)$$

如图 8.8 所示.

(6) 的拒绝域为

$$(0, \chi_{1-\alpha}^2(n))$$

如图 8.9 所示.

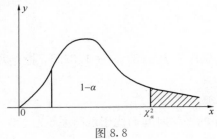

图 8.8

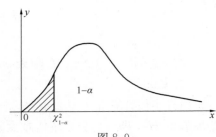

图 8.9

**2. 期望 $\mu$ 未知时, $\sigma^2$ 的假设检验**

由于 $\mu$ 未知, $\overline{X}$ 是 $\mu$ 的无偏估计, 用 $\overline{X}$ 代替式 $\mu$. 这样, 依照前面 $U$ 检验的思路, 此三类检验均可取检验统计量

$$\chi^2 = \frac{\sum_{i=1}^{n}(X_i - \overline{X})^2}{\sigma_0^2} = \frac{nS_n^2}{\sigma_0^2} = \frac{(n-1)S^2}{\sigma_0^2}$$

对问题 (4) $H_0$ 为真时有

$$\chi^2 \sim \chi^2(n)$$

针对不同的检验问题, 在显著性水平 $\alpha$ 之下可分别求得 (如前法), 检验问题 (4)、(5)、(6) 的拒绝域分别为

$$\left(0, \chi_{1-\frac{\alpha}{2}}^2(n-1)\right) \bigcup \left(\chi_{\frac{\alpha}{2}}^2(n-1), +\infty\right)$$

$$\left(\chi_\alpha^2(n-1), +\infty\right)$$

$$\left(0, \chi_{1-\alpha}^2(n-1)\right)$$

以上检验法称为 $\chi^2$ 检验法.

**例 8.2.3** 已知某类钢板的质量指标 $X \sim N(\mu, \sigma^2)$, 要求这类钢板质量的方差不得超过 $\sigma_0^2 = 0.016\,(\mathrm{kg})^2$, 现从这类钢板中随机地抽取 25 块, 测得 $S^2 = 0.025$, 试问这类钢板是否合格 $(\alpha = 0.01)$?

**解** 本题为 $\mu$ 未知, $\sigma^2$ 的单侧检验问题.

(1) 提出假设 $H_0: \sigma^2 \leqslant 0.016, H_1: \sigma^2 > 0.016$

(2) 选取检验统计量 $\chi^2 = \dfrac{(n-1)S^2}{\sigma_0^2} = \dfrac{24}{0.016}S^2$

(3) 对给定的显著性水平 $\alpha = 0.01$, 查 $\chi^2$ 分布表得

$$\chi_\alpha^2(n-1) = \chi_{0.01}^2(24) = 42.98$$

(4) 由 $n = 25, S^2 = 0.025$, 计算得 $\chi^2 = \dfrac{(n-1)S^2}{\sigma_0^2} = 37.5 < 42.98$

所以接受 $H_0$, 即认为钢板质量指标的方差是合格的.

# §8.3 两个正态总体参数的假设检验

设总体 $X \sim N(\mu_1, \sigma_1^2)$, 总体 $Y \sim N(\mu_2, \sigma_2^2)$, $X_1, X_2, \cdots, X_m$ 为取自总体 $X$ 的样本, $Y_1, Y_2, \cdots, Y_n$ 为取自总体 $Y$ 的样本, 且 $X$ 与 $Y$ 相互独立. 这两组样本的样本均值和修正后样本方差分别记为 $\overline{X}, S_X^2$ 和 $\overline{Y}, S_Y^2$.

记 $\overline{X} = \dfrac{1}{m}\sum_{i=1}^{m}X_i, S_X^2 = \dfrac{1}{m-1}\sum_{i=1}^{m}(X_i - \overline{X})^2$

$\overline{Y} = \dfrac{1}{n}\sum_{i=1}^{n}Y_i, S_Y^2 = \dfrac{1}{n-1}\sum_{i=1}^{n}(Y_i - \overline{Y})^2$

## 一、关于总体均值 $\mu_1, \mu_2$ 的假设检验

对 $\mu_1$、$\mu_2$ 通常提出如下假设检验问题:

$$(7) H_0: \mu_1 = \mu_2, H_1: \mu_1 \neq \mu_2$$

$$(8) H_0: \mu_1 \leqslant \mu_2, H_1: \mu_1 > \mu_2$$

$$(9) H_0: \mu_1 \geqslant \mu_2, H_1: \mu_1 < \mu_2$$

### 1. $\sigma_1^2, \sigma_2^2$ 已知，关于 $\mu_1, \mu_2$ 的假设检验

上述三类检验均取检验统计量

$$U = \frac{\overline{X} - \overline{Y}}{\sqrt{\dfrac{\sigma_1^2}{m} + \dfrac{\sigma_2^2}{n}}}$$

对 (7)，当 $H_0$ 成立时容易证明

$$U \sim N(0,1)$$

类似于前述 $U$ 检验问题的推导可分别求得

(7)、(8)、(9) 的拒绝域分别为

$$(-\infty, -u_{\frac{\alpha}{2}}) \bigcup (u_{\frac{\alpha}{2}}, +\infty)$$

$$(u_\alpha, +\infty)$$

$$(-\infty, -u_\alpha)$$

然后由样本值计算统计量 $U$ 的值，根据 $U$ 值，可推断原假设 $H_0$ 的真伪.

**例 8.3.1** 某卷烟厂向化验室送去 A、B 两种烟草，欲化验尼古丁的含量是否相同. 从 A、B 中随机地抽取 5 支进行化验，测得其尼古丁的含量（单位：mg），如表 8.1 所示.

| A(x) | 24 | 27 | 26 | 21 | 24 |
|------|----|----|----|----|----|
| B(y) | 27 | 28 | 31 | 26 | 23 |

根据相关经验知道，尼古丁的含量 $X \sim N(\mu_1, 5)$，$Y \sim N(\mu_2, 8)$，试问在显著性水平 $\alpha = 0.05$ 下，A，B 这两种烟草的尼古丁含量是否有差异.

**解** (1) 根据题意，需要检验假设 $H_0: \mu_1 = \mu_2, H_1: \mu_1 \neq \mu_2$.

(2) 由于 $\sigma_1^2 = 5, \sigma_2^2 = 8$ 均已知，可选取统计量

$$U = \frac{\overline{X} - \overline{Y}}{\sqrt{\dfrac{\sigma_1^2}{m} + \dfrac{\sigma_2^2}{n}}}$$

(3) 在显著性水平 $\alpha = 0.05$ 下，查标准正态分布表得 $u_{\frac{\alpha}{2}} = u_{0.025} = 1.96$，$H_0$ 的拒绝域为 $|U| \geqslant u_{\frac{\alpha}{2}}$.

(4) 由样本值计算得 $\overline{x} = 2.44, \overline{y} = 2.7, m = n = 5$

$$|U| = \frac{|\overline{x} - \overline{y}|}{\sqrt{\dfrac{\sigma_1^2}{m} + \dfrac{\sigma_2^2}{n}}} = \frac{|2.44 - 2.7|}{\sqrt{\dfrac{5}{5} + \dfrac{8}{5}}} = 1.612 < 1.96$$

故接受 $H_0$，即认为这两种烟草的尼古丁含量无显著差异.

**2. $\sigma_1^2$，$\sigma_2^2$ 均未知，但 $\sigma_1^2 = \sigma_2^2 = \sigma^2$，关于 $\mu_1$，$\mu_2$ 的假设检验**

可取检验统计量

$$T = \frac{\overline{X} - \overline{Y}}{\sqrt{\dfrac{(m-1)S_X^2 + (n-1)S_Y^2}{m+n-2}}} \cdot \frac{1}{\sqrt{\dfrac{1}{m} + \dfrac{1}{n}}}$$

对（7），当原假设 $H_0$ 为真时，有

$$T \sim t(m+n-2)$$

容易求得

（7）、（8）、（9）的拒绝域为分别为

$$(-\infty, -t_{\frac{\alpha}{2}}) \bigcup (t_{\frac{\alpha}{2}}, +\infty)$$

$$(t_\alpha, +\infty)$$

$$(-\infty, -t_\alpha)$$

然后，再由样本值计算统计量 $T$ 的值，据 $T$ 值可推断原假设 $H_0$.

**例 8.3.2** 分别用两个不同的计算机系统检索 10 个资料，考察其检索时间（单位：s），测得平均检索时间及时间的修正样本方差为 $\overline{x} = 3.097$，$s_x^2 = 2.67$，$\overline{y} = 2.179$，$s_y^2 = 1.21$. 假设检索时间服从正态分布 $X \sim N(\mu_1, \sigma^2)$，$Y \sim N(\mu_2, \sigma^2)$，问这两种系统检索资料的时间有无明显差别？（$\alpha = 0.05$）

**解**（1）按题意需检验 $H_0: \mu_1 = \mu_2, H_1: \mu_1 \neq \mu_2$.

（2）注意到两总体方差未知，但相等，故取检验统计量

$$T = \frac{\overline{X} - \overline{Y}}{\sqrt{\dfrac{(m-1)S_X^2 + (n-1)S_Y^2}{m+n-2}}} \cdot \frac{1}{\sqrt{\dfrac{1}{m} + \dfrac{1}{n}}}$$

当 $H_0$ 为真时，$T \sim t(m+n-2)$.

（3）由 $\alpha = 0.05, m = 10, n = 10$，查 $t$ 分布上侧分位数表，得临界值 $t_{\frac{\alpha}{2}}(m+n-2) = t_{0.025}(18) = 2.101$，拒绝域为 $(-\infty, -2.101) \bigcup (2.101, +\infty)$.

（4）由样本值计算统计量 $T$ 的值

$$|T| = \frac{3.097 - 2.179}{\sqrt{\dfrac{9(2.67 + 1.21)}{18}}} \cdot \frac{1}{\sqrt{\dfrac{2}{10}}} = 1.474 < 2.101$$

所以接受 $H_0$，即认为两系统检索资料的平均时间无明显差异.

## 二、$\mu_1$，$\mu_2$ 未知时，检验 $\sigma_1^2 = \sigma_2^2$（方差齐性）

在检验 $\mu_1 = \mu_2$ 的问题中，使用 $t$ 检验法时，有一个重要的前提条件是 $\sigma_1^2 = \sigma_2^2 = \sigma^2$（俗称方差的齐性）. 但实际问题往往事先并不知道方差是否相等. 因此，必须先进行方差齐性的检验.

由于 $S_X^2, S_Y^2$ 分别是 $\sigma_1^2, \sigma_2^2$ 的无偏估计量，若 $\dfrac{\sigma_1^2}{\sigma_2^2} = 1$，则 $\dfrac{S_X^2}{S_Y^2}$ 也应接近于 1，如果 $\dfrac{S_X^2}{S_Y^2}$

较大或较小，我们就不能认为 $\sigma_1^2 = \sigma_2^2$. 定理 6.2.4 给出了一个重要的结论，当 $\sigma_1^2 = \sigma_2^2$ 时，

$$F = \frac{S_X^2}{S_Y^2} \sim F(m-1, n-1)$$

所以可取 $F$ 为检验用的统计量.

于是对 $\sigma_1^2$、$\sigma_2^2$ 可提出如下假设检验：

$$(10)\ H_0: \sigma_1^2 = \sigma_2^2,\ H_1: \sigma_1^2 \neq \sigma_2^2$$

$$(11)\ H_0: \sigma_1^2 \leqslant \sigma_2^2,\ H_1: \sigma_1^2 > \sigma_2^2$$

$$(12)\ H_0: \sigma_1^2 \geqslant \sigma_2^2,\ H_1: \sigma_1^2 < \sigma_2^2$$

取检验统计量

$$F = \frac{S_X^2}{S_Y^2}$$

对 (10)，$H_0$ 为真时有

$$F \sim F(m-1, n-1)$$

对于检验问题 (10)，由

$$P\{F > f_{\frac{\alpha}{2}}\} = \frac{\alpha}{2}, P\{F < f_{1-\frac{\alpha}{2}}\} = \frac{\alpha}{2}$$

按第一自由度为 $m-1$，第二自由度为 $n-1$，查 $F$ 分布上侧分位数表，求出临界值 $f_{1-\frac{\alpha}{2}}$，$f_{\frac{\alpha}{2}}$，从而得检验问题的拒绝域为

$$(0, f_{1-\frac{\alpha}{2}}) \bigcup (f_{\frac{\alpha}{2}}, +\infty)$$

如图 8.10 所示.

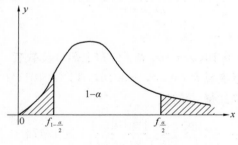

图 8.10

对于检验问题 (11)，由

$$P\{F > f_\alpha\} = \alpha$$

按第一自由度为 $m-1$，第二自由度为 $n-1$，查 $F$ 分布上侧分位数表，求出临界值 $f_\alpha$，从而拒绝域为

$$(f_\alpha, +\infty)$$

如图 8.11 所示.

对于检验问题 (12)，由

$$P\{F < f_{1-\alpha}\} = \alpha$$

按第一自由度为 $m-1$，第二自由度为 $n-1$，查 $F$ 分布上侧分位数表，求出临界值 $f_{1-\alpha}$，从而拒绝域为

$$(0, f_{1-\alpha})$$

如图 8.12 所示.

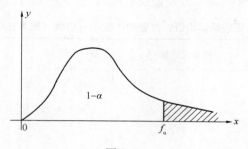

图 8.11

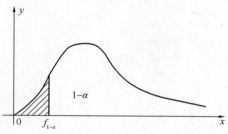

图 8.12

求出拒绝域后，再根据样本观测值计算统计量 $F$ 的值，由 $F$ 值推断原假设 $H_0$ 的真伪，此检验方法称为 $F$ 检验法.

**例 8.3.3** 假设机器 A 和 B 都生产钢管，要检验 A 和 B 生产的钢管内径的稳定程度，设它们生产的钢管内径分别为 $X$ 和 $Y$，且分别服从正态分布 $N(\mu_1, \sigma_1^2)$ 与 $N(\mu_2, \sigma_2^2)$，现从机器 A 和 B 生产的钢管中各抽取 $m=18$ 和 $n=13$ 根，测得

$$S_X^2 = \frac{1}{m-1} \sum_{i=1}^{m} (X_i - \overline{X})^2 = 0.34, \ S_Y^2 = \frac{1}{n-1} \sum_{i=1}^{n} (Y_i - \overline{Y})^2 = 0.29$$

设两个样本相互独立，问是否能认为两台机器生产的钢管内径的稳定程度相同？（取 $\alpha = 0.1$）

**解** 这是对两个正态总体方差相等的假设检验，用 $F$ 检验法.

$$H_0: \sigma_1^2 = \sigma_2^2, \quad H_1: \sigma_1^2 \neq \sigma_2^2$$

当 $H_0$ 为真时，选取检验统计量

$$F = \frac{S_X^2}{S_Y^2} \sim F(17, 12)$$

对于 $\alpha = 0.1$，查附表 5 得 $F_{0.05}(17, 12) = 2.59, F_{0.95}(17, 12) = \dfrac{1}{F_{0.05}(12, 17)} = 0.42.$ 计

127

算统计量 $F$ 的值

$$F = \frac{0.34}{0.29} = 1.17 > 0.42$$

故接受 $H_0$，即认为内径的稳定程度相同.

表 8.2 给出正态总体均值、方差假设检验时的一些结果，以便查用.

**表 8.2　正态总体均值、方差的检验法一览表（显著性水平为 $\alpha$）**

| | 原假设 $H_0$ | 检验统计量 | 备择假设 $H_1$ | 拒绝域 |
|---|---|---|---|---|
| 1 | $\mu \leqslant \mu_0$ <br> $\mu \geqslant \mu_0$ <br> $\mu = \mu_0$ <br> （$\sigma^2$ 已知） | $U = \dfrac{\overline{X} - \mu_0}{\sigma / \sqrt{n}}$ | $\mu > \mu_0$ <br> $\mu < \mu_0$ <br> $\mu \neq \mu_0$ | $U \geqslant u_\alpha$ <br> $U \leqslant -u_\alpha$ <br> $\lvert U \rvert \geqslant u_{\frac{\alpha}{2}}$ |
| 2 | $\mu \leqslant \mu_0$ <br> $\mu \geqslant \mu_0$ <br> $\mu = \mu_0$ <br> （$\sigma^2$ 未知） | $T = \dfrac{\overline{X} - \mu_0}{S / \sqrt{n}}$ | $\mu > \mu_0$ <br> $\mu < \mu_0$ <br> $\mu \neq \mu_0$ | $T \geqslant t_\alpha(n-1)$ <br> $T \leqslant -t_\alpha(n-1)$ <br> $\lvert T \rvert \geqslant t_{\frac{\alpha}{2}}(n-1)$ |
| 3 | $\mu_1 \leqslant \mu_2$ <br> $\mu_1 \geqslant \mu_2$ <br> $\mu_1 = \mu_2$ <br> （$\sigma_1^2, \sigma_2^2$ 已知） | $U = \dfrac{\overline{X} - \overline{Y}}{\sqrt{\dfrac{\sigma_1^2}{m} + \dfrac{\sigma_2^2}{n}}}$ | $\mu_1 > \mu_2$ <br> $\mu_1 < \mu_2$ <br> $\mu_1 \neq \mu_2$ | $U \geqslant u_\alpha$ <br> $U \leqslant -u_\alpha$ <br> $\lvert U \rvert \geqslant u_{\frac{\alpha}{2}}$ |
| 4 | $\mu_1 \leqslant \mu_2$ <br> $\mu_1 \geqslant \mu_2$ <br> $\mu_1 = \mu_2$ <br> （$\sigma_1^2 = \sigma_2^2 = \sigma^2$ 已知） | $T = \dfrac{\overline{X} - \overline{Y}}{S_0 \sqrt{\dfrac{1}{m} + \dfrac{1}{n}}}$ <br> $S_0^2 = \dfrac{(m-1)S_1^2 + (n-1)S_2^2}{m+n-2}$ | $\mu_1 > \mu_2$ <br> $\mu_1 < \mu_2$ <br> $\mu_1 \neq \mu_2$ | $T \geqslant t_\alpha(m+n-2)$ <br> $T \leqslant -t_\alpha(m+n-2)$ <br> $\lvert T \rvert \geqslant t_{\frac{\alpha}{2}}(m+n-2)$ |
| 5 | $\sigma^2 \leqslant \sigma_0^2$ <br> $\sigma^2 \geqslant \sigma_0^2$ <br> $\sigma^2 = \sigma_0^2$ <br> （$\mu$ 未知） | $\chi^2 = \dfrac{(n-1)S^2}{\sigma_0^2}$ | $\sigma^2 > \sigma_0^2$ <br> $\sigma^2 < \sigma_0^2$ <br> $\sigma^2 \neq \sigma_0^2$ | $\chi^2 \geqslant \chi_\alpha^2(n-1)$ <br> $\chi^2 \leqslant \chi_{1-\alpha}^2(n-1)$ <br> $\chi^2 \geqslant \chi_{\frac{\alpha}{2}}^2(n-1)$ 或 <br> $\chi^2 \leqslant \chi_{1-\frac{\alpha}{2}}^2(n-1)$ |
| 6 | $\sigma_1^2 \leqslant \sigma_2^2$ <br> $\sigma_1^2 \geqslant \sigma_2^2$ <br> $\sigma_1^2 = \sigma_2^2$ <br> （$\mu_1, \mu_2$ 未知） | $F = \dfrac{S_1^2}{S_2^2}$ | $\sigma_1^2 > \sigma_2^2$ <br> $\sigma_1^2 < \sigma_2^2$ <br> $\sigma_1^2 \neq \sigma_2^2$ | $F \geqslant f_\alpha(m-1, n-1)$ <br> $F \leqslant f_{1-\alpha}(m-1, n-1)$ <br> $F \geqslant f_{\frac{\alpha}{2}}(m-1, n-1)$ 或 <br> $F \leqslant f_{1-\frac{\alpha}{2}}(m-1, n-1)$ |

# 习　题　8

## (A)

1. 已知某炼钢厂铁水含碳量服从正态分布 $N(4.55, 0.108^2)$，现观测了 9 炉铁水，其平均含碳量为 4.484，如果估计方差没有变化，可否认为现在生产的铁水平均含碳量仍为 4.55（$\alpha = 0.05$).

2. 某零件的尺寸方差为 $\sigma^2 = 1.21$，对一批这类零件检查 6 件的尺寸数据为（单位：mm）：

$$32.56 \quad 29.66 \quad 31.64 \quad 30.00 \quad 31.87 \quad 31.03$$

问这批零件的平均尺寸能否认为是 32.50mm（取 $\alpha = 0.05$).

3. 某批矿砂的 5 个样品中的镍含量，经测定为（%）：

$$3.25 \quad 3.27 \quad 3.24 \quad 3.26 \quad 3.24$$

设测定值总体服从正态分布，问在 $\alpha = 0.01$ 下能否接受假设：这批矿砂的镍含量的均值为 3.25.

4. 已知某种鱼的汞含量 $X \sim N(1, 0.3^2)$，现从养这种鱼的水塘中随机地抽取 10 条，测得这 10 条鱼的平均汞含量为 1.07mg，试问能否认为该水塘中的这种鱼的平均汞含量不超过 1mg（$\alpha = 0.10$).

5. 已知初婚年龄服从正态分布，根据对 10 人的调查，初婚的平均年龄为 23.5 岁，标准差是 3 岁，问是否可以认为该地区的初婚年龄已超过 20 岁（取 $\alpha = 0.05$)?

6. 某产品按规定每包重 10kg，现从中抽取 6 包进行测量，得到数据为（单位：kg）：

$$9.7 \quad 10.1 \quad 9.8 \quad 10.0 \quad 10.2 \quad 9.6$$

若包装服从正态分布 $N(\mu, \sigma^2)$，且 $\sigma^2 = 0.05$，试问包装的平均重量是否为 10kg.

7. 从一批轴料中取 15 件测量其椭圆度，计算得样本标准差 $S = 0.023$，问该批轴料椭圆度的总体方差与规定的 $\sigma^2 = 0.004$ 有无显著差异（$\alpha = 0.05$，椭圆度服从正态分布).

8. 从一批保险丝中抽取 10 根实验其融化时间，结果为（单位：ms)

$$43 \quad 65 \quad 75 \quad 78 \quad 71 \quad 59 \quad 57 \quad 69 \quad 55 \quad 57$$

若融化时间服从正态分布，问在显著性水平 $\alpha = 0.05$ 下，可否认为融化时间的标准差为 9ms.

9. 有甲、乙两台车床加工同种产品，设产品直径服从正态分布. 现从两车床加工的产品中随机抽取若干件产品测量其直径（单位：mm）得

甲：20.5　19.8　20.4　19.7　20.1　20.0　19.6　19.9

乙：19.7　20.8　20.5　19.8　19.4　20.6　19.2

问两车床加工精度有无显著差异（$\alpha = 0.05$).

10. 已知甲、乙两厂生产的灯泡寿命 $X$ 服从 $N(\mu_1, \sigma^2)$，$Y$ 服从 $N(\mu_2, \sigma^2)$，且 $X, Y$ 相互独立，现从甲、乙两厂分别抽取样本测得：

甲厂：$n_1 = 50, \bar{x} = 1282, s_1^2 = 6400$；

乙厂：$n_2 = 60, \bar{y} = 1208, s_2^2 = 8836$；

取显著性水平 $\alpha = 0.05$，试问甲、乙两厂灯泡的平均寿命是否有显著差异.

11. 设有两个来自于不同正态总体的样本，$m = 4, n = 5, \overline{x} = 0.60, \overline{y} = 2.25, s_1^2 = 15.07, s_2^2 = 10.81$，试检验两个样本是否来自于相同方差的正态总体.

12. 测得某种溶液中的水分，测得 10 个测定值得出 $s = 0.037\%$，设测定值总体服从正态分布，总体方差 $\sigma^2$ 未知. 试在显著性水平 $\alpha = 0.05$ 下，检验假设

$$H_0: \sigma \geqslant 0.04\%, \quad H_1: \sigma < 0.04\%$$

## (B)

1. 设总体 $X \sim N(\mu, \sigma^2)$，为把总体期望 $\mu$ 与 $\mu_0$ 作比较（$\sigma^2$ 未知），若拒绝域为 $(t_a(n-1), +\infty)$，则原假设为 $H_0:$_____；若拒绝域为 $(-\infty, -t_{\frac{a}{2}}(n-1)) \bigcup (t_{\frac{a}{2}}(n-1), +\infty)$，则原假设为 $H_0:$_____.

2. 假设检验的显著性水平是（　　　）

A. 犯第一类错误的概率　　　　　　B. 犯第一类错误的概率的上界

C. 犯第二类错误的概率　　　　　　D. 犯第一类错误的概率的下界

3. 有 5 名学生彼此独立地测量被前人认为其面积为 $1.23 \text{km}^2$ 的一块地，得测量值（单位：$\text{km}^2$）如下：

$$1.27 \quad 1.24 \quad 1.21 \quad 1.28 \quad 1.23$$

设测量误差服从正态分布，问在显著性水平 $\alpha = 0.05$ 下，是否有必要修改前人的结果.

4. 某公司产品的次品率过去为 0.02，今从五批产品中抽取 500 件作为样品送交订货检验，经检验有 5 件次品，在显著性水平 $\alpha = 0.05$ 下检验，$H_0: p = 0.02, H_1: p < 0.02$.

5. 某织物强力指标 $X$ 的均值 $\mu_0 = 10600\text{g}$，改进工艺后生产一批织物，今从中取 30 件，测得 $\overline{x} = 10653\text{g}, s = 83.62$. 假设强力指标服从正态分布 $N(\mu, \sigma^2)$ 且 $\sigma^2$ 未知，问在显著性水平 $\alpha = 0.05$ 下，新生产织物比过去的织物强力是否提高？

6. 为测定新发现的甲、乙两种锌矿石的含锌量，分别抽取容量为 9 与 8 的样本，分析测定后算得两样本均值和方差分别为

甲：$\overline{x} = 0.23, s_1^2 = 0.1188$

乙：$\overline{y} = 0.269, s_2^2 = 0.1519$

若甲、乙两矿石的含锌量都服从正态分布，且方差相同，问甲、乙两锌矿的含锌量是否一样（$\alpha = 0.05$）.

7. 热处理车间工人为提高振动板的硬度，对淬火温度进行试验，在两种淬火温度中分别测得振动板的硬度如下表所示.

| 温度 A | 85.6 | 85.9 | 85.9 | 85.7 | 85.8 | 85.7 | 86.0 | 85.5 | 85.4 | 85.5 |
|--------|------|------|------|------|------|------|------|------|------|------|
| 温度 B | 86.2 | 85.7 | 86.5 | 86.0 | 85.7 | 85.8 | 86.3 | 86.0 | 86.0 | 85.8 |

设振动板的硬度服从正态分布，试问能否认为改变淬火温度对振动板的硬度有显著影响（$\alpha = 0.05$）.

# 附表 1  标准正态分布表

$$\Phi(z) = \int_{-\infty}^{z} \frac{1}{\sqrt{2\pi}} e^{-\frac{u^2}{2}} du = P(Z \leqslant z)$$

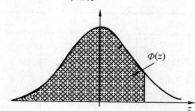

| z | 0 | 1 | 2 | 3 | 4 | 5 | 6 | 7 | 8 | 9 |
|---|---|---|---|---|---|---|---|---|---|---|
| 0.0 | 0.5000 | 0.5040 | 0.5080 | 0.5120 | 0.5160 | 0.5199 | 0.5239 | 0.5279 | 0.5319 | 0.5359 |
| 0.1 | 0.5398 | 0.5438 | 0.5478 | 0.5517 | 0.5557 | 0.5596 | 0.5636 | 0.5675 | 0.5714 | 0.5753 |
| 0.2 | 0.5793 | 0.5832 | 0.5871 | 0.5910 | 0.5948 | 0.5987 | 0.6026 | 0.6064 | 0.6103 | 0.6141 |
| 0.3 | 0.6179 | 0.6217 | 0.6255 | 0.6293 | 0.6331 | 0.6368 | 0.6406 | 0.6443 | 0.6480 | 0.6517 |
| 0.4 | 0.6554 | 0.6591 | 0.6628 | 0.6664 | 0.6700 | 0.6736 | 0.6772 | 0.6808 | 0.6844 | 0.6879 |
| 0.5 | 0.6915 | 0.6950 | 0.6985 | 0.7019 | 0.7054 | 0.7088 | 0.7123 | 0.7157 | 0.7190 | 0.7224 |
| 0.6 | 0.7257 | 0.7291 | 0.7324 | 0.7357 | 0.7389 | 0.7422 | 0.7454 | 0.7486 | 0.7517 | 0.7549 |
| 0.7 | 0.7580 | 0.7611 | 0.7642 | 0.7673 | 0.7703 | 0.7734 | 0.7764 | 0.7794 | 0.7823 | 0.7852 |
| 0.8 | 0.7881 | 0.7910 | 0.7939 | 0.7967 | 0.7995 | 0.8023 | 0.8051 | 0.8078 | 0.8106 | 0.8133 |
| 0.9 | 0.8159 | 0.8186 | 0.8212 | 0.8238 | 0.8264 | 0.8289 | 0.8315 | 0.8340 | 0.8365 | 0.8389 |
| 1.0 | 0.8413 | 0.8438 | 0.8461 | 0.8485 | 0.8508 | 0.8531 | 0.8554 | 0.8577 | 0.8599 | 0.8621 |
| 1.1 | 0.8643 | 0.8665 | 0.8686 | 0.8708 | 0.8729 | 0.8749 | 0.8770 | 0.8790 | 0.8810 | 0.8830 |
| 1.2 | 0.8849 | 0.8869 | 0.8888 | 0.8907 | 0.8925 | 0.8944 | 0.8962 | 0.8980 | 0.8997 | 0.9015 |
| 1.3 | 0.9032 | 0.9049 | 0.9066 | 0.9082 | 0.9099 | 0.9115 | 0.9131 | 0.9147 | 0.9162 | 0.9177 |
| 1.4 | 0.9192 | 0.9207 | 0.9222 | 0.9236 | 0.9251 | 0.9265 | 0.9278 | 0.9292 | 0.9306 | 0.9319 |
| 1.5 | 0.9332 | 0.9345 | 0.9357 | 0.9370 | 0.9382 | 0.9394 | 0.9406 | 0.9418 | 0.9430 | 0.9441 |
| 1.6 | 0.9452 | 0.9463 | 0.9474 | 0.9484 | 0.9495 | 0.9505 | 0.9515 | 0.9525 | 0.9535 | 0.9545 |
| 1.7 | 0.9554 | 0.9564 | 0.9573 | 0.9582 | 0.9591 | 0.9599 | 0.9608 | 0.9616 | 0.9625 | 0.9633 |
| 1.8 | 0.9641 | 0.9648 | 0.9656 | 0.9664 | 0.9671 | 0.9678 | 0.9686 | 0.9693 | 0.9700 | 0.9706 |
| 1.9 | 0.9713 | 0.9719 | 0.9726 | 0.9732 | 0.9738 | 0.9744 | 0.9750 | 0.9756 | 0.9762 | 0.9767 |
| 2.0 | 0.9772 | 0.9778 | 0.9783 | 0.9788 | 0.9793 | 0.9798 | 0.9803 | 0.9808 | 0.9812 | 0.9817 |
| 2.1 | 0.9821 | 0.9826 | 0.9830 | 0.9834 | 0.9838 | 0.9842 | 0.9846 | 0.9850 | 0.9854 | 0.9857 |
| 2.2 | 0.9861 | 0.9864 | 0.9868 | 0.9871 | 0.9874 | 0.9878 | 0.9881 | 0.9884 | 0.9887 | 0.9890 |
| 2.3 | 0.9893 | 0.9896 | 0.9898 | 0.9901 | 0.9904 | 0.9906 | 0.9909 | 0.9911 | 0.9913 | 0.9916 |
| 2.4 | 0.9918 | 0.9920 | 0.9922 | 0.9925 | 0.9927 | 0.9929 | 0.9931 | 0.9932 | 0.9934 | 0.9936 |
| 2.5 | 0.9938 | 0.9940 | 0.9941 | 0.9943 | 0.9945 | 0.9946 | 0.9948 | 0.9949 | 0.9951 | 0.9952 |
| 2.6 | 0.9953 | 0.9955 | 0.9956 | 0.9957 | 0.9959 | 0.9960 | 0.9961 | 0.9962 | 0.9963 | 0.9964 |
| 2.7 | 0.9965 | 0.9966 | 0.9967 | 0.9968 | 0.9969 | 0.9970 | 0.9971 | 0.9972 | 0.9973 | 0.9974 |
| 2.8 | 0.9974 | 0.9975 | 0.9976 | 0.9977 | 0.9977 | 0.9978 | 0.9979 | 0.9979 | 0.9980 | 0.9981 |
| 2.9 | 0.9981 | 0.9982 | 0.9982 | 0.9983 | 0.9984 | 0.9984 | 0.9985 | 0.9985 | 0.9986 | 0.9986 |
| 3.0 | 0.9987 | 0.9990 | 0.9993 | 0.9995 | 0.9997 | 0.9998 | 0.9998 | 0.9999 | 0.9999 | 1.0000 |

注：表中末行系函数值 $\Phi(3.0), \Phi(3.1), \cdots, \Phi(3.9)$.

# 附表 2　泊松分布表

$$1-F(x-1) = \sum_{k=x}^{\infty} \frac{e^{-\lambda}\lambda^k}{k!}$$

| $x$ | $\lambda=0.2$ | $\lambda=0.3$ | $\lambda=0.4$ | $\lambda=0.5$ | $\lambda=0.6$ |
|---|---|---|---|---|---|
| 0 | 1.0000000 | 1.0000000 | 1.0000000 | 1.0000000 | 1.0000000 |
| 1 | 0.1812692 | 0.2591818 | 0.3296800 | 0.323469 | 0.451188 |
| 2 | 0.0175231 | 0.0369363 | 0.0615519 | 0.090204 | 0.121901 |
| 3 | 0.0011485 | 0.0035995 | 0.0079263 | 0.014388 | 0.023115 |
| 4 | 0.0000568 | 0.0002658 | 0.0007763 | 0.001752 | 0.003358 |
| 5 | 0.0000023 | 0.0000158 | 0.0000612 | 0.000172 | 0.000394 |
| 6 | 0.0000001 | 0.0000008 | 0.0000040 | 0.000014 | 0.000039 |
| 7 | | 0.0000002 | 0.0000002 | 0.000001 | 0.000003 |

| $x$ | $\lambda=0.7$ | $\lambda=0.8$ | $\lambda=0.9$ | $\lambda=1.0$ | $\lambda=1.2$ |
|---|---|---|---|---|---|
| 0 | 1.0000000 | 1.0000000 | 1.0000000 | 1.0000000 | 1.0000000 |
| 1 | 0.503415 | 0.550671 | 0.593430 | 0.632121 | 0.337373 |
| 2 | 0.155805 | 0.191208 | 0.227518 | 0.264241 | 0.337373 |
| 3 | 0.034142 | 0.047423 | 0.062857 | 0.080301 | 0.120513 |
| 4 | 0.005753 | 0.009080 | 0.013459 | 0.018988 | 0.033769 |
| 5 | 0.000786 | 0.001411 | 0.002344 | 0.003660 | 0.007746 |
| 6 | 0.000090 | 0.000184 | 0.000343 | 0.000594 | 0.001500 |
| 7 | 0.000009 | 0.000021 | 0.000043 | 0.000083 | 0.000251 |
| 8 | 0.000001 | 0.000002 | 0.000005 | 0.000010 | 0.000037 |
| 9 | | | | 0.000001 | 0.000005 |
| 10 | | | | | 0.000001 |

| $x$ | $\lambda=1.4$ | $\lambda=1.6$ | $\lambda=1.8$ | | |
|---|---|---|---|---|---|
| 0 | 1.0000000 | 1.0000000 | 1.0000000 | | |
| 1 | 0.753403 | 0.798103 | 0.834701 | | |
| 2 | 0.408167 | 0.475069 | 0.537163 | | |
| 3 | 0.166502 | 0.216642 | 0.269379 | | |
| 4 | 0.053725 | 0.078813 | 0.108708 | | |
| 5 | 0.014253 | 0.023682 | 0.036407 | | |
| 6 | 0.003201 | 0.006040 | 0.010378 | | |
| 7 | 0.000622 | 0.001336 | 0.002569 | | |
| 8 | 0.000107 | 0.000260 | 0.000562 | | |
| 9 | 0.000016 | 0.000045 | 0.000110 | | |
| 10 | 0.000002 | 0.000007 | 0.000019 | | |
| 11 | | 0.000001 | 0.000003 | | |

| $x$ | $\lambda=2.5$ | $\lambda=3.0$ | $\lambda=3.5$ | $\lambda=4.0$ | $\lambda=4.5$ | $\lambda=5.0$ |
|---|---|---|---|---|---|---|
| 0 | 1.0000000 | 1.0000000 | 1.0000000 | 1.0000000 | 1.0000000 | 1.0000000 |
| 1 | 0.917915 | 0.950213 | 0.969803 | 0.981684 | 0.988891 | 0.993262 |
| 2 | 0.712703 | 0.800852 | 0.864112 | 0.908422 | 0.938901 | 0.959572 |
| 3 | 0.456187 | 0.576810 | 0.679153 | 0.761897 | 0.826422 | 0.875348 |
| 4 | 0.242424 | 0.352768 | 0.463367 | 0.566530 | 0.657704 | 0.734974 |
| 5 | 0.108822 | 0.184737 | 0.274555 | 0.371163 | 0.467896 | 0.559507 |
| 6 | 0.042021 | 0.083918 | 0.142386 | 0.214870 | 0.297070 | 0.384039 |
| 7 | 0.014187 | 0.033509 | 0.065288 | 0.110674 | 0.168949 | 0.237817 |
| 8 | 0.004247 | 0.011905 | 0.026739 | 0.051134 | 0.086586 | 0.133372 |
| 9 | 0.001140 | 0.003803 | 0.009874 | 0.021363 | 0.040257 | 0.068094 |
| 10 | 0.000277 | 0.001102 | 0.003315 | 0.008132 | 0.017093 | 0.031828 |
| 11 | 0.000062 | 0.000292 | 0.001019 | 0.002840 | 0.006669 | 0.013695 |
| 12 | 0.000013 | 0.000071 | 0.000289 | 0.000915 | 0.002404 | 0.005453 |
| 13 | 0.000002 | 0.000016 | 0.000076 | 0.000274 | 0.000805 | 0.002019 |
| 14 | | 0.000003 | 0.000019 | 0.000076 | 0.000252 | 0.000698 |
| 15 | | 0.000001 | 0.000004 | 0.000020 | 0.000074 | 0.000226 |
| 16 | | | 0.000001 | 0.000005 | 0.000020 | 0.000069 |
| 17 | | | | 0.000001 | 0.000005 | 0.000020 |
| 18 | | | | | 0.000001 | 0.000005 |
| 19 | | | | | | 0.000001 |

# 附表 3 t 分布表

$$P\{t(n) > t_\alpha(n)\} = \alpha$$

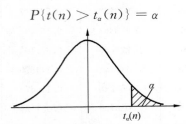

| $n$ \ $\alpha$ | 0.25 | 0.10 | 0.05 | 0.025 | 0.01 | 0.005 |
|---|---|---|---|---|---|---|
| 1 | 1.0000 | 3.0777 | 6.3138 | 12.7062 | 31.8207 | 63.6574 |
| 2 | 0.8165 | 1.8856 | 2.9200 | 4.3027 | 4.5407 | 9.9248 |
| 3 | 0.7649 | 1.6377 | 2.3534 | 3.1824 | 3.7469 | 5.8409 |
| 4 | 0.7407 | 1.5332 | 2.1318 | 2.7764 | 3.3649 | 4.6041 |
| 5 | 0.7267 | 1.4759 | 2.0150 | 2.5706 | 3.3649 | 4.0322 |
| 6 | 0.7176 | 1.4398 | 1.9432 | 2.4469 | 3.1427 | 3.7074 |
| 7 | 0.7111 | 1.4149 | 1.8946 | 2.3646 | 2.9980 | 3.4995 |
| 8 | 0.7064 | 1.3968 | 1.8595 | 2.3060 | 2.8965 | 3.3554 |
| 9 | 0.7027 | 1.3830 | 1.8331 | 2.2622 | 2.8214 | 3.2498 |
| 10 | 0.6998 | 1.3722 | 1.8125 | 2.2281 | 2.7638 | 3.1693 |
| 11 | 0.6974 | 1.3634 | 1.7959 | 2.2010 | 2.7181 | 3.1058 |
| 12 | 0.6955 | 1.3562 | 1.7823 | 2.1788 | 2.6810 | 3.0545 |
| 13 | 0.6938 | 1.3502 | 1.7709 | 2.1604 | 2.6503 | 3.0123 |
| 14 | 0.6924 | 1.3450 | 1.7613 | 2.1448 | 2.6245 | 2.9768 |
| 15 | 0.6912 | 1.3406 | 1.7531 | 2.1315 | 2.6025 | 2.9467 |
| 16 | 0.6901 | 1.3368 | 1.7459 | 2.1199 | 2.5835 | 2.9208 |
| 17 | 0.6892 | 1.3334 | 1.7396 | 2.1098 | 2.5669 | 2.8982 |
| 18 | 0.6884 | 1.3304 | 1.7341 | 2.1009 | 2.5524 | 2.8784 |
| 19 | 0.6876 | 1.3277 | 1.7291 | 2.0930 | 2.5395 | 2.8609 |
| 20 | 0.6870 | 1.3253 | 1.7247 | 2.0860 | 2.5280 | 2.8453 |
| 21 | 0.6864 | 1.3232 | 1.7207 | 2.0796 | 2.5177 | 2.8314 |
| 22 | 0.6858 | 1.3212 | 1.7171 | 2.0739 | 2.5083 | 2.8188 |
| 23 | 0.6853 | 1.3195 | 1.7139 | 2.0687 | 2.4999 | 2.8073 |
| 24 | 0.6848 | 1.3178 | 1.7109 | 2.0639 | 2.4922 | 2.7969 |
| 25 | 0.6844 | 1.3163 | 1.7081 | 2.0595 | 2.4851 | 2.7874 |
| 26 | 0.6840 | 1.3150 | 1.7056 | 2.0555 | 2.4786 | 2.7787 |
| 27 | 0.6837 | 1.3137 | 1.7033 | 2.0518 | 2.4727 | 2.7707 |
| 28 | 0.6834 | 1.3125 | 1.7011 | 2.0484 | 2.4671 | 2.7633 |
| 29 | 0.6830 | 1.3114 | 1.6991 | 2.0452 | 2.4620 | 2.7564 |
| 30 | 0.6828 | 1.3104 | 1.6973 | 2.0423 | 2.4573 | 2.7500 |
| 31 | 0.6825 | 1.3095 | 1.6955 | 2.0395 | 2.4528 | 2.7440 |
| 32 | 0.6822 | 1.3086 | 1.6939 | 2.0369 | 2.4487 | 2.7385 |
| 33 | 0.6820 | 1.3077 | 1.6924 | 2.0345 | 2.4448 | 2.7333 |
| 34 | 0.6818 | 1.3070 | 1.6909 | 2.0322 | 2.4411 | 2.7284 |

| n \ α | 0.25 | 0.10 | 0.05 | 0.025 | 0.01 | 0.005 |
|---|---|---|---|---|---|---|
| 35 | 0.6816 | 1.3062 | 1.6896 | 2.0301 | 2.4377 | 2.7238 |
| 36 | 0.6814 | 1.3055 | 1.6883 | 2.0281 | 2.4345 | 2.7195 |
| 37 | 0.6812 | 1.3049 | 1.6871 | 2.0262 | 2.4314 | 2.7154 |
| 38 | 0.6810 | 1.3042 | 1.6860 | 2.0244 | 2.4286 | 2.7116 |
| 39 | 0.6808 | 1.3036 | 1.6849 | 2.0227 | 2.4258 | 2.7079 |
| 40 | 0.6807 | 1.3031 | 1.6839 | 2.0211 | 2.4233 | 2.7045 |
| 41 | 0.6805 | 1.3025 | 1.6829 | 2.0195 | 2.4208 | 2.7012 |
| 42 | 0.6804 | 1.3020 | 1.6820 | 2.0181 | 2.4185 | 2.6881 |
| 43 | 0.6802 | 1.3016 | 1.6811 | 2.0167 | 2.4163 | 2.6951 |
| 44 | 0.6801 | 1.3011 | 1.6802 | 2.0154 | 2.4141 | 2.6923 |
| 45 | 0.6800 | 1.3006 | 1.6794 | 2.0141 | 2.4121 | 2.6896 |

# 附表 4   $\chi^2$ 分布表

$$P\{\chi^2(n) > \chi^2_\alpha(n)\} = \alpha$$

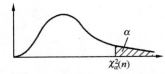

| n \ α | 0.995 | 0.99 | 0.975 | 0.95 | 0.90 | 0.75 |
|---|---|---|---|---|---|---|
| 1 | — | — | 0.001 | 0.004 | 0.016 | 0.102 |
| 2 | 0.010 | 0.020 | 0.051 | 0.103 | 0.211 | 0.575 |
| 3 | 0.072 | 0.115 | 0.216 | 0.352 | 0.584 | 1.213 |
| 4 | 0.207 | 0.297 | 0.484 | 0.711 | 1.064 | 1.923 |
| 5 | 0.412 | 0.554 | 0.831 | 1.145 | 1.610 | 2.675 |
| 6 | 0.676 | 0.872 | 1.237 | 1.635 | 2.204 | 3.455 |
| 7 | 0.989 | 1.239 | 1.690 | 2.167 | 2.833 | 4.255 |
| 8 | 1.344 | 1.646 | 2.180 | 2.733 | 3.490 | 5.071 |
| 9 | 1.735 | 2.088 | 2.700 | 3.325 | 4.168 | 5.899 |
| 10 | 2.156 | 2.558 | 3.247 | 3.940 | 4.865 | 6.737 |
| 11 | 2.603 | 3.053 | 3.816 | 4.575 | 5.578 | 7.584 |
| 12 | 3.074 | 3.571 | 4.404 | 5.226 | 6.304 | 8.438 |
| 13 | 3.565 | 4.107 | 5.009 | 5.892 | 7.042 | 9.299 |
| 14 | 4.075 | 4.660 | 5.629 | 6.571 | 7.790 | 10.165 |
| 15 | 4.601 | 5.229 | 6.262 | 7.261 | 8.547 | 11.037 |
| 16 | 5.142 | 5.812 | 6.908 | 7.962 | 9.312 | 11.912 |
| 17 | 5.697 | 6.408 | 7.564 | 9.672 | 10.085 | 12.792 |
| 18 | 6.265 | 7.015 | 8.231 | 9.390 | 10.865 | 13.675 |
| 19 | 6.844 | 7.633 | 8.907 | 10.117 | 11.651 | 14.562 |
| 20 | 7.434 | 8.260 | 9.591 | 10.851 | 12.443 | 15.452 |
| 21 | 8.034 | 8.897 | 10.283 | 11.591 | 13.240 | 16.344 |
| 22 | 8.643 | 9.542 | 10.982 | 12.338 | 14.042 | 17.240 |
| 23 | 9.260 | 10.196 | 11.689 | 13.091 | 14.848 | 18.137 |
| 24 | 9.886 | 10.856 | 12.401 | 13.848 | 15.659 | 19.037 |
| 25 | 10.520 | 11.524 | 13.120 | 14.611 | 16.473 | 19.939 |
| 26 | 11.160 | 12.198 | 13.844 | 15.379 | 17.292 | 20.843 |
| 27 | 11.808 | 12.879 | 14.573 | 16.151 | 18.114 | 21.749 |
| 28 | 12.461 | 13.565 | 15.308 | 16.928 | 18.939 | 22.657 |
| 29 | 13.121 | 14.257 | 16.047 | 17.708 | 19.768 | 23.567 |
| 30 | 13.787 | 14.954 | 16.791 | 18.493 | 20.599 | 24.478 |
| 31 | 14.458 | 15.655 | 17.539 | 19.281 | 21.434 | 25.390 |
| 32 | 15.134 | 16.362 | 18.291 | 20.072 | 22.271 | 26.304 |
| 33 | 15.815 | 17.074 | 19.047 | 20.867 | 23.110 | 27.219 |
| 34 | 16.501 | 17.789 | 19.806 | 21.664 | 23.952 | 28.136 |
| 35 | 17.192 | 18.509 | 20.569 | 22.465 | 24.797 | 29.054 |
| 36 | 17.887 | 19.233 | 21.336 | 23.269 | 25.643 | 29.973 |
| 37 | 18.586 | 19.960 | 22.106 | 24.075 | 26.492 | 30.893 |
| 38 | 19.289 | 20.691 | 22.878 | 24.884 | 27.343 | 31.815 |
| 39 | 19.996 | 21.426 | 23.654 | 25.695 | 28.196 | 32.737 |
| 40 | 20.707 | 22.164 | 24.433 | 26.509 | 29.051 | 33.660 |
| 41 | 21.421 | 22.906 | 25.215 | 27.326 | 29.907 | 34.585 |
| 42 | 22.138 | 23.650 | 25.999 | 28.144 | 30.765 | 35.510 |
| 43 | 22.859 | 24.398 | 26.785 | 28.965 | 31.625 | 36.436 |
| 44 | 23.584 | 25.148 | 27.575 | 29.787 | 32.487 | 37.363 |
| 45 | 24.311 | 25.901 | 28.366 | 30.612 | 33.350 | 38.291 |

| n \ α | 0.25 | 0.10 | 0.05 | 0.025 | 0.01 | 0.005 |
|---|---|---|---|---|---|---|
| 1 | 1.323 | 2.706 | 3.841 | 5.024 | 6.635 | 7.879 |
| 2 | 2.773 | 4.605 | 5.991 | 7.378 | 9.210 | 10.597 |
| 3 | 4.108 | 6.251 | 7.815 | 9.348 | 11.345 | 12.838 |
| 4 | 5.385 | 7.779 | 9.488 | 11.143 | 13.277 | 14.860 |
| 5 | 6.626 | 9.236 | 11.071 | 12.833 | 15.086 | 16.750 |
| 6 | 7.841 | 10.645 | 12.592 | 12.449 | 16.812 | 18.548 |
| 7 | 9.037 | 12.017 | 14.067 | 16.013 | 18.475 | 20.278 |
| 8 | 10.219 | 13.362 | 15.507 | 17.535 | 20.090 | 21.955 |
| 9 | 11.389 | 14.684 | 16.919 | 19.023 | 21.666 | 23.589 |
| 10 | 12.549 | 15.987 | 18.307 | 20.483 | 23.209 | 25.188 |
| 11 | 13.701 | 12.275 | 19.675 | 21.920 | 24.725 | 26.757 |
| 12 | 14.845 | 17.275 | 19.675 | 21.920 | 24.725 | 26.757 |
| 13 | 14.845 | 18.549 | 21.026 | 23.337 | 26.217 | 28.299 |
| 14 | 17.117 | 21.064 | 23.685 | 26.119 | 29.141 | 31.319 |
| 15 | 18.245 | 22.307 | 24.996 | 27.488 | 30.578 | 32.801 |
| 16 | 19.369 | 23.542 | 26.296 | 28.845 | 32.000 | 34.267 |
| 17 | 20.489 | 24.769 | 27.587 | 30.191 | 33.409 | 35.718 |
| 18 | 21.605 | 25.989 | 28.869 | 31.526 | 34.805 | 37.156 |
| 19 | 22.718 | 27.204 | 30.144 | 32.852 | 36.191 | 38.582 |
| 20 | 23.828 | 28.412 | 31.410 | 34.170 | 37.566 | 39.997 |
| 21 | 24.935 | 29.615 | 32.671 | 35.479 | 38.932 | 41.401 |
| 22 | 26.039 | 30.813 | 33.924 | 36.781 | 40.289 | 42.796 |
| 23 | 27.141 | 32.007 | 35.172 | 38.076 | 41.638 | 44.181 |
| 24 | 28.241 | 33.196 | 36.415 | 39.364 | 42.980 | 45.559 |
| 25 | 29.339 | 34.382 | 27.652 | 40.646 | 44.314 | 46.928 |
| 26 | 30.435 | 35.563 | 38.885 | 41.923 | 45.642 | 48.290 |
| 27 | 31.528 | 36.741 | 40.113 | 43.194 | 46.963 | 49.645 |
| 28 | 32.620 | 37.916 | 41.337 | 44.461 | 48.278 | 50.993 |
| 29 | 33.711 | 39.087 | 42.557 | 45.722 | 49.588 | 52.336 |
| 30 | 34.800 | 40.256 | 43.773 | 46.979 | 50.892 | 53.672 |
| 31 | 35.887 | 41.422 | 44.985 | 48.232 | 52.191 | 55.003 |
| 32 | 36.973 | 42.585 | 46.194 | 49.480 | 53.486 | 56.328 |
| 33 | 38.058 | 43.745 | 47.400 | 50.725 | 54.776 | 57.648 |
| 34 | 39.141 | 44.903 | 48.602 | 51.966 | 56.061 | 58.964 |
| 35 | 40.223 | 46.059 | 49.802 | 53.203 | 57.342 | 60.275 |
| 36 | 41.304 | 47.212 | 50.998 | 54.437 | 58.619 | 61.581 |
| 37 | 42.383 | 48.363 | 52.192 | 55.668 | 59.892 | 62.883 |
| 38 | 43.462 | 49.513 | 53.384 | 56.896 | 61.162 | 64.181 |
| 39 | 44.539 | 50.660 | 54.572 | 58.120 | 62.428 | 65.476 |
| 40 | 45.616 | 51.805 | 55.758 | 59.342 | 63.691 | 66.766 |
| 41 | 46.692 | 52.949 | 56.942 | 60.561 | 64.950 | 68.053 |
| 42 | 47.766 | 54.090 | 58.124 | 61.777 | 66.206 | 69.336 |
| 43 | 48.840 | 55.230 | 59.304 | 62.990 | 67.459 | 70.616 |
| 44 | 49.913 | 56.369 | 60.481 | 64.201 | 68.710 | 71.893 |
| 45 | 50.985 | 57.505 | 61.656 | 65.410 | 69.957 | 73.166 |

# 附表 5  F 分布表

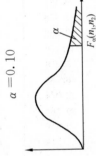

$$P\{F(n_1,n_2) > F_\alpha(n_1,n_2)\} = \alpha$$

$$\alpha = 0.10$$

| $n_2$＼$n_1$ | 1 | 2 | 3 | 4 | 5 | 6 | 7 | 8 | 9 | 10 | 12 | 15 | 20 | 24 | 30 | 40 | 60 | 120 | ∞ |
|---|---|---|---|---|---|---|---|---|---|---|---|---|---|---|---|---|---|---|---|
| 1 | 39.86 | 49.50 | 53.59 | 55.83 | 57.24 | 58.20 | 58.91 | 59.44 | 59.86 | 60.19 | 60.71 | 61.22 | 61.74 | 62.00 | 62.26 | 62.53 | 62.79 | 63.06 | 63.33 |
| 2 | 8.53 | 9.00 | 9.16 | 9.24 | 9.29 | 9.33 | 9.35 | 9.37 | 9.38 | 9.39 | 9.41 | 9.42 | 9.44 | 9.45 | 9.46 | 9.47 | 9.47 | 9.48 | 9.49 |
| 3 | 5.54 | 5.46 | 5.39 | 5.34 | 5.31 | 5.28 | 5.27 | 5.25 | 5.24 | 5.23 | 5.22 | 5.20 | 5.18 | 5.18 | 5.17 | 5.16 | 5.15 | 5.14 | 5.13 |
| 4 | 4.54 | 4.32 | 4.19 | 4.11 | 4.05 | 4.01 | 3.98 | 3.95 | 3.94 | 3.92 | 3.90 | 3.87 | 3.84 | 3.83 | 3.82 | 3.80 | 3.79 | 3.78 | 4.76 |
| 5 | 4.06 | 3.78 | 3.62 | 3.52 | 3.45 | 3.40 | 3.37 | 3.34 | 3.32 | 3.30 | 3.27 | 3.24 | 3.21 | 3.19 | 3.17 | 3.16 | 3.14 | 3.12 | 3.10 |
| 6 | 3.78 | 3.46 | 3.29 | 2.96 | 3.11 | 3.05 | 3.01 | 2.98 | 2.96 | 2.94 | 2.90 | 2.87 | 2.84 | 2.82 | 2.80 | 2.78 | 2.76 | 2.74 | 2.72 |
| 7 | 3.59 | 3.26 | 3.07 | 2.96 | 2.88 | 2.83 | 2.78 | 2.75 | 2.72 | 2.70 | 2.67 | 2.63 | 2.59 | 2.58 | 2.56 | 2.54 | 2.51 | 2.49 | 2.47 |
| 8 | 3.46 | 3.11 | 2.92 | 2.81 | 2.73 | 2.67 | 2.62 | 2.59 | 2.56 | 2.54 | 2.50 | 2.46 | 2.42 | 2.40 | 2.38 | 2.36 | 2.34 | 2.32 | 2.29 |
| 9 | 3.36 | 3.01 | 2.81 | 2.69 | 2.61 | 2.55 | 2.51 | 2.47 | 2.44 | 2.42 | 2.38 | 2.34 | 2.30 | 2.28 | 2.25 | 2.23 | 2.21 | 2.18 | 2.16 |
| 10 | 3.29 | 2.92 | 2.73 | 2.61 | 2.52 | 2.46 | 2.41 | 2.38 | 2.35 | 2.32 | 2.28 | 2.24 | 2.20 | 2.18 | 2.16 | 2.13 | 2.11 | 2.08 | 2.06 |
| 11 | 3.23 | 2.86 | 2.66 | 2.54 | 2.45 | 2.39 | 2.34 | 2.30 | 2.27 | 2.25 | 2.21 | 2.17 | 2.12 | 2.10 | 2.08 | 2.05 | 2.03 | 2.00 | 1.97 |
| 12 | 3.18 | 2.81 | 2.61 | 2.48 | 2.39 | 2.33 | 2.28 | 2.24 | 2.21 | 2.19 | 2.15 | 2.10 | 2.06 | 2.04 | 2.01 | 1.99 | 1.96 | 1.93 | 1.90 |
| 13 | 3.14 | 2.76 | 2.56 | 2.43 | 2.35 | 2.28 | 2.23 | 2.20 | 2.16 | 2.14 | 2.10 | 2.05 | 2.01 | 1.98 | 1.96 | 1.93 | 1.90 | 1.88 | 1.85 |
| 14 | 3.10 | 2.73 | 2.52 | 2.39 | 2.31 | 2.24 | 2.19 | 2.15 | 2.12 | 2.10 | 2.05 | 2.01 | 1.96 | 1.94 | 1.91 | 1.89 | 1.86 | 1.83 | 1.80 |
| 15 | 3.07 | 2.70 | 2.49 | 2.36 | 2.27 | 2.21 | 2.16 | 2.12 | 2.09 | 2.06 | 2.02 | 1.97 | 1.92 | 1.90 | 1.87 | 1.85 | 1.82 | 1.79 | 1.76 |

续表

| $n_1$ / $n_2$ | 1 | 2 | 3 | 4 | 5 | 6 | 7 | 8 | 9 | 10 | 12 | 15 | 20 | 24 | 30 | 40 | 60 | 120 | ∞ |
|---|---|---|---|---|---|---|---|---|---|---|---|---|---|---|---|---|---|---|---|
| 16 | 3.05 | 2.67 | 2.46 | 2.33 | 2.24 | 2.18 | 2.13 | 2.09 | 2.06 | 2.03 | 1.99 | 1.94 | 1.89 | 1.87 | 1.84 | 1.81 | 1.78 | 1.75 | 1.72 |
| 17 | 3.03 | 2.64 | 2.44 | 2.31 | 2.22 | 2.15 | 2.10 | 2.06 | 2.03 | 2.00 | 1.96 | 1.91 | 1.86 | 1.84 | 1.81 | 1.78 | 1.75 | 1.72 | 1.69 |
| 18 | 3.01 | 2.62 | 2.42 | 2.29 | 2.20 | 2.13 | 2.08 | 2.04 | 2.00 | 1.98 | 1.93 | 1.89 | 1.84 | 1.81 | 1.78 | 1.75 | 1.72 | 1.69 | 1.66 |
| 19 | 2.99 | 2.61 | 2.40 | 2.27 | 2.18 | 2.11 | 2.06 | 2.02 | 1.98 | 1.96 | 1.91 | 1.86 | 1.81 | 1.79 | 1.76 | 1.73 | 1.70 | 1.67 | 1.63 |
| 20 | 2.97 | 2.59 | 2.38 | 2.25 | 2.16 | 2.09 | 2.04 | 2.00 | 1.96 | 1.94 | 1.89 | 1.84 | 1.79 | 1.77 | 1.74 | 1.71 | 1.68 | 1.64 | 1.61 |
| 21 | 2.96 | 2.57 | 2.36 | 2.23 | 2.14 | 2.08 | 2.02 | 1.98 | 1.95 | 1.92 | 1.87 | 1.83 | 1.78 | 1.75 | 1.72 | 1.69 | 1.66 | 1.62 | 1.59 |
| 22 | 2.95 | 2.56 | 2.35 | 2.22 | 2.13 | 2.06 | 2.01 | 1.97 | 1.93 | 1.90 | 1.86 | 1.81 | 1.76 | 1.73 | 1.70 | 1.67 | 1.64 | 1.60 | 1.57 |
| 23 | 2.94 | 2.55 | 2.34 | 2.21 | 2.11 | 2.05 | 1.99 | 1.95 | 1.92 | 1.89 | 1.84 | 1.80 | 1.74 | 1.72 | 1.69 | 1.66 | 1.62 | 1.59 | 1.55 |
| 24 | 2.93 | 2.54 | 2.33 | 2.19 | 2.10 | 2.04 | 1.98 | 1.94 | 1.91 | 1.88 | 1.83 | 1.78 | 1.73 | 1.70 | 1.67 | 1.64 | 1.61 | 1.57 | 1.53 |
| 25 | 2.92 | 2.53 | 2.32 | 2.18 | 2.09 | 2.02 | 1.97 | 1.93 | 1.89 | 1.87 | 1.82 | 1.77 | 1.72 | 1.69 | 1.66 | 1.63 | 1.59 | 1.56 | 1.52 |
| 26 | 2.91 | 2.52 | 2.31 | 2.17 | 2.08 | 2.01 | 1.96 | 1.92 | 1.88 | 1.86 | 1.81 | 1.76 | 1.71 | 1.68 | 1.65 | 1.61 | 1.58 | 1.54 | 1.50 |
| 27 | 2.90 | 2.51 | 2.30 | 2.17 | 2.07 | 2.00 | 1.95 | 1.91 | 1.87 | 1.85 | 1.80 | 1.75 | 1.70 | 1.67 | 1.64 | 1.60 | 1.57 | 1.53 | 1.49 |
| 28 | 2.89 | 2.50 | 2.29 | 2.16 | 2.06 | 2.00 | 1.94 | 1.90 | 1.87 | 1.84 | 1.79 | 1.74 | 1.69 | 1.66 | 1.63 | 1.59 | 1.56 | 1.52 | 1.48 |
| 29 | 2.89 | 2.50 | 2.28 | 2.15 | 2.06 | 1.99 | 1.93 | 1.89 | 1.86 | 1.83 | 1.78 | 1.73 | 1.68 | 1.65 | 1.62 | 1.58 | 1.55 | 1.51 | 1.47 |
| 30 | 2.88 | 2.49 | 2.28 | 2.14 | 2.05 | 1.98 | 1.93 | 1.88 | 1.85 | 1.82 | 1.77 | 1.72 | 1.67 | 1.64 | 1.61 | 1.57 | 1.54 | 1.50 | 1.46 |
| 40 | 2.84 | 2.44 | 2.23 | 2.09 | 2.00 | 1.93 | 1.87 | 1.83 | 1.79 | 1.76 | 1.71 | 1.66 | 1.61 | 1.57 | 1.54 | 1.51 | 1.47 | 1.42 | 1.38 |
| 60 | 2.79 | 2.39 | 2.18 | 2.04 | 1.95 | 1.87 | 1.82 | 1.77 | 1.74 | 1.71 | 1.66 | 1.60 | 1.54 | 1.51 | 1.48 | 1.44 | 1.40 | 1.35 | 1.29 |
| 120 | 2.75 | 2.35 | 2.13 | 1.99 | 1.90 | 1.82 | 1.77 | 1.72 | 1.68 | 1.65 | 1.60 | 1.55 | 1.48 | 1.45 | 1.41 | 1.37 | 1.32 | 1.26 | 1.19 |
| ∞ | 2.71 | 2.30 | 2.08 | 1.94 | 1.85 | 1.77 | 1.72 | 1.67 | 1.63 | 1.60 | 1.55 | 1.49 | 1.42 | 1.38 | 1.34 | 1.30 | 1.24 | 1.17 | 1.00 |

续表

$$P\{F(n_1,n_2) > F_\alpha(n_1,n_2)\} = \alpha$$

$$\alpha = 0.05$$

| $n_2 \backslash n_1$ | 1 | 2 | 3 | 4 | 5 | 6 | 7 | 8 | 9 | 10 | 12 | 15 | 20 | 24 | 30 | 40 | 60 | 120 | ∞ |
|---|---|---|---|---|---|---|---|---|---|---|---|---|---|---|---|---|---|---|---|
| 1 | 161.4 | 199.5 | 215.7 | 224.6 | 230.2 | 234.0 | 236.8 | 238.9 | 240.5 | 241.9 | 243.9 | 245.9 | 248.0 | 249.1 | 250.1 | 251.1 | 252.2 | 253.3 | 254.3 |
| 2 | 18.51 | 19.00 | 19.16 | 19.25 | 19.30 | 19.33 | 19.35 | 19.37 | 19.38 | 19.40 | 19.41 | 19.43 | 19.45 | 19.45 | 19.46 | 19.47 | 19.48 | 19.49 | 19.50 |
| 3 | 10.13 | 9.55 | 9.28 | 9.12 | 9.01 | 8.94 | 8.89 | 8.85 | 8.81 | 8.79 | 8.74 | 8.70 | 8.66 | 8.64 | 8.62 | 8.59 | 8.57 | 8.55 | 8.53 |
| 4 | 7.71 | 6.94 | 6.59 | 6.39 | 6.26 | 6.16 | 6.09 | 6.04 | 6.00 | 5.96 | 5.91 | 5.86 | 5.80 | 5.77 | 5.75 | 5.72 | 5.69 | 5.66 | 5.63 |
| 5 | 6.61 | 5.79 | 5.41 | 5.19 | 5.05 | 4.95 | 4.88 | 4.82 | 4.77 | 4.74 | 4.68 | 4.62 | 4.56 | 4.53 | 4.50 | 4.46 | 4.43 | 4.40 | 4.36 |
| 6 | 5.99 | 5.14 | 4.76 | 4.53 | 4.39 | 4.28 | 4.21 | 4.15 | 4.10 | 4.06 | 4.00 | 3.94 | 3.87 | 3.84 | 3.81 | 3.77 | 3.74 | 3.70 | 3.67 |
| 7 | 5.59 | 4.74 | 4.35 | 4.12 | 3.97 | 3.87 | 3.79 | 3.73 | 3.68 | 3.64 | 3.57 | 3.51 | 3.44 | 3.41 | 3.38 | 3.34 | 3.30 | 3.27 | 3.23 |
| 8 | 5.32 | 4.46 | 4.07 | 3.84 | 3.69 | 3.58 | 3.50 | 3.44 | 3.39 | 3.35 | 3.28 | 3.22 | 3.15 | 3.12 | 3.08 | 3.04 | 3.01 | 2.97 | 2.93 |
| 9 | 5.12 | 4.26 | 3.86 | 3.63 | 3.48 | 3.37 | 3.29 | 3.23 | 3.18 | 3.14 | 3.07 | 3.01 | 2.94 | 2.90 | 2.86 | 2.83 | 2.79 | 2.75 | 2.71 |
| 10 | 4.96 | 4.10 | 3.71 | 3.48 | 3.33 | 3.22 | 3.14 | 3.07 | 3.02 | 2.98 | 2.91 | 2.85 | 2.77 | 2.74 | 2.70 | 2.66 | 2.62 | 2.58 | 2.54 |
| 11 | 4.84 | 3.98 | 3.59 | 3.36 | 3.20 | 3.09 | 3.01 | 2.95 | 2.90 | 2.85 | 2.79 | 2.72 | 2.65 | 2.61 | 2.57 | 2.53 | 2.49 | 2.45 | 2.40 |
| 12 | 4.75 | 3.89 | 3.49 | 3.26 | 3.11 | 3.00 | 2.91 | 2.85 | 2.80 | 2.75 | 2.69 | 2.62 | 2.54 | 2.51 | 2.47 | 2.43 | 2.38 | 2.34 | 2.30 |
| 13 | 4.67 | 3.81 | 3.41 | 3.18 | 3.03 | 2.92 | 2.83 | 2.77 | 2.71 | 2.67 | 2.60 | 2.53 | 2.46 | 2.42 | 2.38 | 2.34 | 2.30 | 2.25 | 2.21 |
| 14 | 4.60 | 3.74 | 3.34 | 3.11 | 2.96 | 2.85 | 2.76 | 2.70 | 2.65 | 2.60 | 2.53 | 2.46 | 2.39 | 2.35 | 2.31 | 2.27 | 2.22 | 2.18 | 2.13 |
| 15 | 4.54 | 3.68 | 3.29 | 3.06 | 2.90 | 2.79 | 2.71 | 2.64 | 2.59 | 2.54 | 2.48 | 2.40 | 2.33 | 2.29 | 2.25 | 2.20 | 2.16 | 2.11 | 2.07 |
| 16 | 4.49 | 3.63 | 3.24 | 3.01 | 2.85 | 2.74 | 2.66 | 2.59 | 2.54 | 2.49 | 2.42 | 2.35 | 2.28 | 2.24 | 2.19 | 2.15 | 2.11 | 2.06 | 2.01 |
| 17 | 4.45 | 3.59 | 3.20 | 2.96 | 2.81 | 2.70 | 2.61 | 2.55 | 2.49 | 2.45 | 2.38 | 2.31 | 2.23 | 2.19 | 2.15 | 2.10 | 2.06 | 2.01 | 1.96 |

续表

| $n_1$ \ $n_2$ | 1 | 2 | 3 | 4 | 5 | 6 | 7 | 8 | 9 | 10 | 12 | 15 | 20 | 24 | 30 | 40 | 60 | 120 | $\infty$ |
|---|---|---|---|---|---|---|---|---|---|---|---|---|---|---|---|---|---|---|---|
| 18 | 4.41 | 3.55 | 3.16 | 2.93 | 2.77 | 2.66 | 2.58 | 2.51 | 2.46 | 2.41 | 2.34 | 2.27 | 2.19 | 2.15 | 2.11 | 2.06 | 2.02 | 1.97 | 1.92 |
| 19 | 4.38 | 3.52 | 3.13 | 2.90 | 2.74 | 2.63 | 2.54 | 2.48 | 2.42 | 2.38 | 2.31 | 2.23 | 2.16 | 2.11 | 2.07 | 2.03 | 1.98 | 1.93 | 1.88 |
| 20 | 4.35 | 3.49 | 3.10 | 2.87 | 2.71 | 2.60 | 2.51 | 2.45 | 2.39 | 2.35 | 2.28 | 2.20 | 2.12 | 2.08 | 2.04 | 1.99 | 1.95 | 1.90 | 1.84 |
| 21 | 4.32 | 3.47 | 3.07 | 2.84 | 2.68 | 2.57 | 2.49 | 2.42 | 2.37 | 2.32 | 2.25 | 2.18 | 2.10 | 2.05 | 2.01 | 1.96 | 1.92 | 1.87 | 1.81 |
| 22 | 4.30 | 3.44 | 3.05 | 2.82 | 2.66 | 2.55 | 2.46 | 2.40 | 2.34 | 2.30 | 2.23 | 2.15 | 2.07 | 2.03 | 1.98 | 1.94 | 1.89 | 1.84 | 1.78 |
| 23 | 4.28 | 3.42 | 3.03 | 2.80 | 2.64 | 2.53 | 2.44 | 2.37 | 2.32 | 2.27 | 2.20 | 2.13 | 2.05 | 2.01 | 1.96 | 1.91 | 1.86 | 1.81 | 1.76 |
| 24 | 4.26 | 3.40 | 3.01 | 2.78 | 2.62 | 2.51 | 2.42 | 2.36 | 2.30 | 2.25 | 2.18 | 2.11 | 2.03 | 1.98 | 1.94 | 1.89 | 1.84 | 1.79 | 1.73 |
| 25 | 4.24 | 3.39 | 2.99 | 2.76 | 2.60 | 2.49 | 2.40 | 2.34 | 2.28 | 2.24 | 2.16 | 2.09 | 2.01 | 1.96 | 1.92 | 1.87 | 1.82 | 1.77 | 1.71 |
| 26 | 4.23 | 3.37 | 2.98 | 2.74 | 2.59 | 2.47 | 2.39 | 2.32 | 2.27 | 2.22 | 2.15 | 2.07 | 1.99 | 1.95 | 1.90 | 1.85 | 1.80 | 1.75 | 1.69 |
| 27 | 4.21 | 3.35 | 2.96 | 2.73 | 2.57 | 2.46 | 2.37 | 2.31 | 2.25 | 2.20 | 2.13 | 2.06 | 1.97 | 1.93 | 1.88 | 1.84 | 1.79 | 1.73 | 1.67 |
| 28 | 4.20 | 3.34 | 2.95 | 2.71 | 2.56 | 2.45 | 2.36 | 2.29 | 2.24 | 2.19 | 2.12 | 2.04 | 1.96 | 1.91 | 1.87 | 1.82 | 1.77 | 1.71 | 1.65 |
| 29 | 4.18 | 3.33 | 2.93 | 2.70 | 2.55 | 2.43 | 2.35 | 2.28 | 2.22 | 2.18 | 2.10 | 2.03 | 1.94 | 1.90 | 1.85 | 1.81 | 1.75 | 1.70 | 1.64 |
| 30 | 4.17 | 3.32 | 2.92 | 2.69 | 2.53 | 2.42 | 2.33 | 2.27 | 2.21 | 2.16 | 2.09 | 2.01 | 1.93 | 1.89 | 1.84 | 1.79 | 1.74 | 1.68 | 1.62 |
| 40 | 4.08 | 3.23 | 2.84 | 2.61 | 2.45 | 2.34 | 2.25 | 2.18 | 2.12 | 2.08 | 2.00 | 1.92 | 1.84 | 1.79 | 1.74 | 1.69 | 1.64 | 1.58 | 1.51 |
| 60 | 4.00 | 3.15 | 2.76 | 2.53 | 2.37 | 2.25 | 2.17 | 2.10 | 2.04 | 1.99 | 1.92 | 1.84 | 1.75 | 1.70 | 1.65 | 1.59 | 1.53 | 1.47 | 1.39 |
| 120 | 3.92 | 3.07 | 2.68 | 2.45 | 2.29 | 2.17 | 2.09 | 2.02 | 1.96 | 1.91 | 1.83 | 1.75 | 1.66 | 1.61 | 1.55 | 1.50 | 1.43 | 1.35 | 1.25 |
| $\infty$ | 3.84 | 3.00 | 2.60 | 2.37 | 2.21 | 2.10 | 2.01 | 1.94 | 1.88 | 1.83 | 1.75 | 1.67 | 1.57 | 1.52 | 1.46 | 1.39 | 1.32 | 1.22 | 1.00 |

续表

$$P\{F(n_1,n_2)>F_\alpha(n_1,n_2)\}=\alpha$$
$$\alpha=0.025$$

| $n_1$ \ $n_2$ | 1 | 2 | 3 | 4 | 5 | 6 | 7 | 8 | 9 | 10 | 12 | 15 | 20 | 24 | 30 | 40 | 60 | 120 | ∞ |
|---|---|---|---|---|---|---|---|---|---|---|---|---|---|---|---|---|---|---|---|
| 1 | 647.8 | 799.5 | 864.2 | 899.6 | 921.8 | 937.1 | 948.2 | 956.7 | 963.3 | 968.6 | 976.7 | 984.9 | 993.1 | 997.2 | 1001 | 1006 | 1010 | 1014 | 1018 |
| 2 | 38.51 | 39.00 | 39.17 | 39.25 | 39.30 | 39.33 | 39.36 | 39.37 | 39.39 | 39.40 | 39.41 | 39.43 | 39.45 | 39.46 | 39.46 | 39.47 | 39.48 | 39.49 | 39.50 |
| 3 | 17.44 | 16.04 | 15.44 | 15.10 | 14.88 | 14.73 | 14.62 | 14.54 | 14.47 | 14.42 | 14.34 | 14.25 | 14.17 | 14.12 | 14.08 | 14.04 | 13.99 | 13.95 | 13.90 |
| 4 | 12.22 | 10.65 | 9.98 | 9.60 | 9.36 | 9.20 | 9.07 | 8.98 | 8.90 | 8.84 | 8.75 | 8.66 | 8.56 | 8.51 | 8.46 | 8.41 | 8.36 | 8.31 | 8.26 |
| 5 | 10.01 | 8.43 | 7.76 | 7.39 | 7.15 | 6.98 | 6.85 | 6.76 | 6.68 | 6.62 | 6.52 | 6.43 | 6.33 | 6.28 | 6.23 | 6.18 | 6.12 | 6.07 | 6.02 |
| 6 | 8.81 | 7.26 | 6.60 | 6.23 | 5.99 | 5.82 | 5.70 | 5.60 | 5.52 | 5.46 | 5.37 | 5.27 | 5.17 | 5.12 | 5.07 | 5.01 | 4.96 | 4.90 | 4.85 |
| 7 | 8.07 | 6.54 | 5.89 | 5.52 | 5.29 | 5.12 | 4.99 | 4.90 | 4.82 | 4.76 | 4.67 | 4.57 | 4.47 | 4.42 | 4.36 | 4.31 | 4.25 | 4.20 | 4.14 |
| 8 | 7.57 | 6.06 | 5.42 | 5.05 | 4.82 | 4.65 | 4.53 | 4.43 | 4.36 | 4.30 | 4.20 | 4.10 | 4.00 | 3.95 | 3.89 | 3.84 | 3.78 | 3.73 | 3.67 |
| 9 | 7.21 | 5.71 | 5.08 | 4.72 | 4.48 | 4.32 | 4.20 | 4.10 | 4.03 | 3.96 | 3.87 | 3.77 | 3.67 | 3.61 | 3.56 | 3.51 | 3.45 | 3.39 | 3.33 |
| 10 | 6.94 | 5.46 | 4.83 | 4.47 | 4.24 | 4.07 | 3.95 | 3.85 | 3.78 | 3.72 | 3.62 | 3.52 | 3.42 | 3.37 | 3.31 | 3.26 | 3.20 | 3.14 | 3.08 |
| 11 | 6.72 | 5.26 | 4.63 | 4.28 | 4.04 | 3.88 | 3.76 | 3.66 | 3.59 | 3.53 | 3.43 | 3.33 | 3.23 | 3.17 | 3.12 | 3.06 | 3.00 | 2.94 | 2.88 |
| 12 | 6.55 | 5.10 | 4.47 | 4.12 | 3.89 | 3.73 | 3.61 | 3.51 | 3.44 | 3.37 | 3.28 | 3.18 | 3.07 | 3.02 | 2.96 | 2.91 | 2.85 | 2.79 | 2.72 |
| 13 | 6.41 | 4.97 | 4.35 | 4.00 | 3.77 | 3.60 | 3.48 | 3.39 | 3.31 | 3.25 | 3.15 | 3.05 | 2.95 | 2.89 | 2.84 | 2.78 | 2.72 | 2.66 | 2.60 |
| 14 | 6.30 | 4.86 | 4.24 | 3.89 | 3.66 | 3.50 | 3.38 | 3.29 | 3.21 | 3.15 | 3.05 | 2.95 | 2.84 | 2.79 | 2.73 | 2.67 | 2.61 | 2.55 | 2.49 |
| 15 | 6.20 | 4.77 | 4.15 | 3.80 | 3.58 | 3.41 | 3.29 | 3.20 | 3.12 | 3.06 | 2.96 | 2.86 | 2.76 | 2.70 | 2.64 | 2.59 | 2.52 | 2.46 | 2.40 |
| 16 | 6.12 | 4.69 | 4.08 | 3.73 | 3.50 | 3.34 | 3.22 | 3.12 | 3.05 | 2.99 | 2.89 | 2.79 | 2.68 | 2.63 | 2.57 | 2.51 | 2.45 | 2.38 | 2.32 |

| $n_1$ \\ $n_2$ | 1 | 2 | 3 | 4 | 5 | 6 | 7 | 8 | 9 | 10 | 12 | 15 | 20 | 24 | 30 | 40 | 60 | 120 | ∞ |
|---|---|---|---|---|---|---|---|---|---|---|---|---|---|---|---|---|---|---|---|
| 17 | 6.04 | 4.62 | 4.01 | 3.66 | 3.44 | 3.28 | 3.16 | 3.06 | 2.98 | 2.92 | 2.82 | 2.72 | 2.62 | 2.56 | 2.50 | 2.44 | 2.38 | 2.32 | 2.25 |
| 18 | 5.98 | 4.56 | 3.95 | 3.61 | 3.38 | 3.22 | 3.10 | 3.01 | 2.93 | 2.87 | 2.77 | 2.67 | 2.56 | 2.50 | 2.44 | 2.38 | 2.32 | 2.26 | 2.19 |
| 19 | 5.92 | 4.51 | 3.90 | 3.56 | 3.33 | 3.17 | 3.05 | 2.96 | 2.88 | 2.82 | 2.72 | 2.62 | 2.51 | 2.45 | 2.39 | 2.33 | 2.27 | 2.20 | 2.13 |
| 20 | 5.87 | 4.46 | 3.86 | 3.51 | 3.29 | 3.13 | 3.01 | 2.91 | 2.84 | 2.77 | 2.68 | 2.57 | 2.46 | 2.41 | 2.35 | 2.29 | 2.22 | 2.16 | 2.09 |
| 21 | 5.83 | 4.42 | 3.82 | 3.48 | 3.25 | 3.09 | 2.97 | 2.87 | 2.80 | 2.73 | 2.64 | 2.53 | 2.42 | 2.37 | 2.31 | 2.25 | 2.18 | 2.11 | 2.04 |
| 22 | 5.79 | 4.38 | 3.78 | 3.44 | 3.22 | 3.05 | 2.93 | 2.84 | 2.76 | 2.70 | 2.60 | 2.50 | 2.39 | 2.33 | 2.27 | 2.21 | 2.14 | 2.08 | 2.00 |
| 23 | 5.75 | 4.35 | 3.75 | 3.41 | 3.18 | 3.02 | 2.90 | 2.81 | 2.73 | 2.67 | 2.57 | 2.47 | 2.36 | 2.30 | 2.24 | 2.18 | 2.11 | 2.04 | 1.97 |
| 24 | 5.72 | 4.32 | 3.72 | 3.38 | 3.15 | 2.99 | 2.87 | 2.78 | 2.70 | 2.64 | 2.54 | 2.44 | 2.33 | 2.27 | 2.21 | 2.15 | 2.08 | 2.01 | 1.94 |
| 25 | 5.69 | 4.29 | 3.69 | 3.55 | 3.13 | 2.97 | 2.85 | 2.75 | 2.68 | 2.61 | 2.51 | 2.41 | 2.30 | 2.24 | 2.18 | 2.12 | 2.05 | 1.98 | 1.91 |
| 26 | 5.66 | 4.27 | 3.67 | 3.33 | 3.10 | 2.94 | 2.82 | 2.73 | 2.65 | 2.59 | 2.49 | 2.39 | 2.28 | 2.22 | 2.16 | 2.09 | 2.03 | 1.95 | 1.88 |
| 27 | 5.63 | 4.24 | 3.65 | 3.31 | 3.08 | 2.92 | 2.80 | 2.71 | 2.63 | 2.57 | 2.47 | 2.36 | 2.25 | 2.19 | 2.13 | 2.07 | 2.00 | 1.93 | 1.85 |
| 28 | 5.61 | 4.22 | 3.63 | 3.29 | 3.06 | 2.90 | 2.78 | 2.69 | 2.61 | 2.55 | 2.45 | 2.34 | 2.23 | 2.17 | 2.11 | 2.05 | 1.98 | 1.91 | 1.83 |
| 29 | 5.59 | 4.20 | 3.61 | 3.27 | 3.04 | 2.88 | 2.76 | 2.67 | 2.59 | 2.53 | 2.43 | 2.32 | 2.21 | 2.15 | 2.09 | 2.03 | 1.96 | 1.89 | 1.81 |
| 30 | 5.57 | 4.18 | 3.59 | 3.25 | 3.03 | 2.87 | 2.75 | 2.65 | 2.57 | 2.51 | 2.41 | 2.31 | 2.20 | 2.14 | 2.07 | 2.01 | 1.94 | 1.87 | 1.79 |
| 40 | 5.42 | 4.05 | 3.46 | 3.13 | 2.90 | 2.74 | 2.62 | 2.53 | 2.45 | 2.39 | 2.29 | 2.18 | 2.07 | 2.01 | 1.94 | 1.88 | 1.80 | 1.72 | 1.64 |
| 60 | 5.29 | 3.93 | 3.34 | 3.01 | 2.79 | 2.63 | 2.51 | 2.41 | 2.33 | 2.27 | 2.17 | 2.06 | 1.94 | 1.88 | 1.82 | 1.74 | 1.67 | 1.58 | 1.48 |
| 120 | 5.15 | 3.80 | 3.23 | 2.89 | 2.67 | 2.52 | 2.39 | 2.30 | 2.22 | 2.16 | 2.05 | 1.94 | 1.82 | 1.76 | 1.69 | 1.61 | 1.53 | 1.43 | 1.31 |
| ∞ | 5.02 | 3.69 | 3.12 | 2.79 | 2.57 | 2.41 | 2.29 | 2.19 | 2.11 | 2.05 | 1.94 | 1.83 | 1.71 | 1.64 | 1.57 | 1.48 | 1.39 | 1.27 | 1.00 |

续表

$$P\{F(n_1,n_2) > F_a(n_1,n_2)\} = \alpha$$

$$\alpha = 0.01$$

| $n_2$ \ $n_1$ | 1 | 2 | 3 | 4 | 5 | 6 | 7 | 8 | 9 | 10 | 12 | 15 | 20 | 24 | 30 | 40 | 60 | 120 | ∞ |
|---|---|---|---|---|---|---|---|---|---|---|---|---|---|---|---|---|---|---|---|
| 1 | 4052 | 5000 | 5403 | 5625 | 5764 | 5859 | 5928 | 5982 | 6022 | 6056 | 6106 | 6057 | 6209 | 6235 | 6261 | 6287 | 6313 | 6339 | 6366 |
| 2 | 98.50 | 99.00 | 99.17 | 99.25 | 99.30 | 99.33 | 99.36 | 99.37 | 99.39 | 99.40 | 99.42 | 99.43 | 99.45 | 99.46 | 99.47 | 99.47 | 99.48 | 99.49 | 99.50 |
| 3 | 34.12 | 30.82 | 29.46 | 28.71 | 28.24 | 27.91 | 27.67 | 27.49 | 27.35 | 27.23 | 27.05 | 26.87 | 26.69 | 26.60 | 26.50 | 26.41 | 26.32 | 26.22 | 26.13 |
| 4 | 21.20 | 18.00 | 16.69 | 15.98 | 15.52 | 15.21 | 14.98 | 14.80 | 14.66 | 14.55 | 14.37 | 14.20 | 14.02 | 13.93 | 13.84 | 13.75 | 13.65 | 13.56 | 13.46 |
| 5 | 16.26 | 13.27 | 12.06 | 11.39 | 10.97 | 10.67 | 10.43 | 10.29 | 10.16 | 10.05 | 9.89 | 9.72 | 9.55 | 9.47 | 9.38 | 9.29 | 9.20 | 9.11 | 9.02 |
| 6 | 13.75 | 10.92 | 9.78 | 9.15 | 8.75 | 8.47 | 8.26 | 8.10 | 7.98 | 7.87 | 7.72 | 7.56 | 7.40 | 7.31 | 7.23 | 7.14 | 7.06 | 6.97 | 6.88 |
| 7 | 12.25 | 9.55 | 8.45 | 7.85 | 7.46 | 7.19 | 6.99 | 6.84 | 6.72 | 6.62 | 6.47 | 6.31 | 6.16 | 6.07 | 5.99 | 5.91 | 5.82 | 5.74 | 5.65 |
| 8 | 11.26 | 8.65 | 7.59 | 7.01 | 6.63 | 6.37 | 6.18 | 6.03 | 5.91 | 5.81 | 5.67 | 5.52 | 5.36 | 5.28 | 5.20 | 5.12 | 5.03 | 4.95 | 4.86 |
| 9 | 10.56 | 8.02 | 6.99 | 6.42 | 6.06 | 5.80 | 5.61 | 5.47 | 5.35 | 5.26 | 5.11 | 4.96 | 4.81 | 4.73 | 4.65 | 4.57 | 4.48 | 4.40 | 4.31 |
| 10 | 10.04 | 7.56 | 6.55 | 5.99 | 5.64 | 5.39 | 5.20 | 5.06 | 4.94 | 4.85 | 4.71 | 4.56 | 4.41 | 4.33 | 4.25 | 4.17 | 4.08 | 4.00 | 3.91 |
| 11 | 9.65 | 7.21 | 6.22 | 5.67 | 5.32 | 5.07 | 4.89 | 4.74 | 4.63 | 4.54 | 4.40 | 4.25 | 4.10 | 4.02 | 3.94 | 3.86 | 3.78 | 3.69 | 3.60 |
| 12 | 9.33 | 6.93 | 5.95 | 5.41 | 5.06 | 4.82 | 4.64 | 4.50 | 4.39 | 4.30 | 4.16 | 4.01 | 3.86 | 3.78 | 3.70 | 3.62 | 3.54 | 3.45 | 3.36 |
| 13 | 9.07 | 6.70 | 5.74 | 5.21 | 4.86 | 4.62 | 4.44 | 4.30 | 4.19 | 4.10 | 3.96 | 3.82 | 3.66 | 3.59 | 3.51 | 3.43 | 3.34 | 3.25 | 3.17 |
| 14 | 8.86 | 6.51 | 5.56 | 5.04 | 4.69 | 4.46 | 4.28 | 4.14 | 4.03 | 3.94 | 3.80 | 3.66 | 3.51 | 3.43 | 3.35 | 3.27 | 3.18 | 3.09 | 3.00 |
| 15 | 8.68 | 6.36 | 5.42 | 4.89 | 4.56 | 4.32 | 4.14 | 4.00 | 3.89 | 3.80 | 3.67 | 3.52 | 3.37 | 3.29 | 3.21 | 3.13 | 3.05 | 2.96 | 2.87 |
| 16 | 8.53 | 6.23 | 5.29 | 4.77 | 4.44 | 4.20 | 4.03 | 3.89 | 3.78 | 3.69 | 3.55 | 3.41 | 3.26 | 3.18 | 3.10 | 3.02 | 2.93 | 2.84 | 2.75 |

附表5 F分布表

| $n_2$ \ $n_1$ | 1 | 2 | 3 | 4 | 5 | 6 | 7 | 8 | 9 | 10 | 12 | 15 | 20 | 24 | 30 | 40 | 60 | 120 | ∞ |
|---|---|---|---|---|---|---|---|---|---|---|---|---|---|---|---|---|---|---|---|
| 17 | 8.40 | 6.11 | 5.18 | 4.67 | 4.34 | 4.10 | 3.93 | 3.79 | 3.68 | 3.59 | 3.46 | 3.31 | 3.16 | 3.08 | 3.00 | 2.92 | 2.83 | 2.75 | 2.65 |
| 18 | 8.29 | 6.01 | 5.09 | 4.58 | 4.25 | 4.01 | 3.84 | 3.71 | 3.60 | 3.51 | 3.37 | 3.23 | 3.08 | 3.00 | 2.92 | 2.84 | 2.75 | 2.66 | 2.57 |
| 19 | 8.18 | 5.93 | 5.01 | 4.50 | 4.17 | 3.94 | 3.77 | 3.63 | 3.52 | 3.43 | 3.30 | 3.15 | 3.00 | 2.92 | 2.84 | 2.76 | 2.67 | 2.58 | 2.49 |
| 20 | 8.10 | 5.85 | 4.94 | 4.43 | 4.10 | 3.87 | 3.70 | 3.56 | 3.46 | 3.37 | 3.23 | 3.09 | 2.94 | 2.86 | 2.78 | 2.69 | 2.61 | 2.52 | 2.42 |
| 21 | 8.02 | 5.78 | 4.87 | 4.37 | 4.04 | 3.81 | 3.64 | 3.51 | 3.40 | 3.31 | 3.17 | 3.03 | 2.88 | 2.80 | 2.72 | 2.64 | 2.55 | 2.46 | 2.36 |
| 22 | 7.95 | 5.72 | 4.82 | 4.31 | 3.99 | 3.76 | 3.59 | 3.45 | 3.35 | 3.26 | 3.12 | 2.98 | 2.83 | 2.75 | 2.67 | 2.58 | 2.50 | 2.40 | 2.31 |
| 23 | 7.88 | 5.66 | 4.76 | 4.26 | 3.94 | 3.71 | 3.54 | 3.41 | 3.30 | 3.21 | 3.07 | 2.93 | 2.78 | 2.70 | 2.62 | 2.54 | 2.45 | 2.35 | 2.26 |
| 24 | 7.82 | 5.61 | 4.72 | 4.22 | 3.90 | 3.67 | 3.50 | 3.36 | 3.26 | 3.17 | 3.03 | 2.89 | 2.74 | 2.66 | 2.58 | 2.49 | 2.40 | 2.31 | 2.21 |
| 25 | 7.77 | 5.57 | 4.68 | 4.18 | 3.85 | 3.63 | 3.46 | 3.32 | 3.22 | 3.13 | 2.99 | 2.85 | 2.70 | 2.62 | 2.54 | 2.45 | 2.36 | 2.27 | 2.17 |
| 26 | 7.72 | 5.53 | 4.64 | 4.14 | 3.82 | 3.59 | 3.42 | 3.29 | 3.18 | 3.09 | 2.96 | 2.81 | 2.66 | 2.58 | 2.50 | 2.42 | 2.33 | 2.23 | 2.13 |
| 27 | 7.68 | 5.49 | 4.60 | 4.11 | 3.78 | 3.56 | 3.39 | 3.26 | 3.15 | 3.06 | 2.93 | 2.78 | 2.63 | 2.55 | 2.47 | 2.38 | 2.29 | 2.20 | 2.10 |
| 28 | 7.64 | 5.45 | 4.57 | 4.07 | 3.75 | 3.53 | 3.36 | 3.23 | 3.12 | 3.03 | 2.90 | 2.75 | 2.60 | 2.52 | 2.44 | 2.35 | 2.26 | 2.17 | 2.06 |
| 29 | 7.60 | 5.42 | 4.54 | 4.04 | 3.73 | 3.50 | 3.33 | 3.20 | 3.09 | 3.00 | 2.97 | 2.73 | 2.57 | 2.49 | 2.41 | 2.33 | 2.23 | 2.14 | 2.03 |
| 30 | 7.56 | 5.39 | 4.51 | 4.02 | 3.70 | 3.47 | 3.30 | 3.17 | 3.07 | 2.98 | 2.84 | 2.70 | 2.55 | 2.47 | 2.39 | 2.30 | 2.21 | 2.11 | 2.01 |
| 40 | 7.31 | 5.18 | 4.31 | 3.83 | 3.51 | 3.29 | 3.12 | 2.99 | 2.89 | 2.80 | 2.66 | 2.52 | 2.37 | 2.29 | 2.20 | 2.11 | 2.02 | 1.92 | 1.80 |
| 60 | 7.08 | 4.98 | 4.13 | 3.65 | 3.34 | 3.12 | 2.95 | 2.82 | 2.72 | 2.63 | 2.50 | 2.35 | 2.20 | 2.12 | 2.03 | 1.94 | 1.84 | 1.73 | 1.60 |
| 120 | 6.85 | 4.79 | 3.95 | 3.48 | 3.17 | 2.96 | 2.79 | 2.66 | 2.56 | 2.47 | 2.34 | 2.19 | 2.03 | 1.95 | 1.86 | 1.76 | 1.66 | 1.53 | 1.38 |
| ∞ | 6.63 | 4.61 | 3.78 | 3.32 | 3.02 | 2.80 | 2.64 | 2.51 | 2.41 | 2.32 | 2.18 | 2.04 | 1.88 | 1.79 | 1.70 | 1.59 | 1.47 | 1.32 | 1.00 |

续表

$$P\{F(n_1,n_2) > F_\alpha(n_1,n_2)\} = \alpha$$

$$\alpha = 0.005$$

| $n_2$ \ $n_1$ | 1 | 2 | 3 | 4 | 5 | 6 | 7 | 8 | 9 | 10 | 12 | 15 | 20 | 24 | 30 | 40 | 60 | 120 | $\infty$ |
|---|---|---|---|---|---|---|---|---|---|---|---|---|---|---|---|---|---|---|---|
| 1 | 16211 | 20000 | 21615 | 22500 | 23056 | 23437 | 23715 | 23925 | 24091 | 24224 | 24426 | 24630 | 24836 | 24940 | 25044 | 25148 | 25253 | 25359 | 25465 |
| 2 | 198.5 | 199.0 | 199.2 | 199.2 | 199.3 | 199.3 | 199.4 | 199.4 | 199.4 | 199.4 | 199.4 | 199.4 | 199.4 | 199.5 | 199.5 | 199.5 | 199.5 | 199.5 | 199.5 |
| 3 | 55.55 | 49.80 | 47.47 | 46.19 | 45.39 | 44.84 | 44.43 | 44.13 | 43.88 | 43.69 | 43.39 | 43.08 | 42.78 | 42.62 | 42.47 | 42.31 | 42.15 | 41.99 | 41.83 |
| 4 | 31.33 | 26.28 | 24.26 | 23.15 | 22.46 | 21.97 | 21.62 | 21.35 | 21.14 | 20.97 | 20.70 | 20.44 | 20.17 | 20.03 | 19.89 | 19.75 | 19.61 | 19.47 | 19.32 |
| 5 | 22.78 | 18.31 | 16.53 | 15.56 | 14.94 | 14.51 | 14.20 | 13.96 | 13.77 | 13.62 | 13.38 | 13.15 | 12.90 | 12.78 | 12.66 | 12.53 | 12.40 | 12.27 | 12.14 |
| 6 | 18.63 | 14.54 | 12.92 | 12.03 | 11.46 | 11.07 | 10.79 | 10.57 | 10.39 | 10.25 | 10.03 | 9.81 | 9.59 | 9.47 | 9.36 | 9.24 | 9.12 | 9.00 | 8.88 |
| 7 | 16.24 | 12.40 | 10.88 | 10.05 | 9.52 | 9.16 | 8.89 | 8.68 | 8.51 | 8.38 | 8.18 | 7.97 | 7.75 | 7.65 | 7.53 | 7.42 | 7.31 | 7.19 | 7.08 |
| 8 | 14.69 | 11.04 | 9.60 | 8.81 | 8.30 | 7.95 | 7.69 | 7.50 | 7.34 | 7.21 | 7.01 | 6.81 | 6.61 | 6.50 | 6.40 | 6.29 | 6.18 | 6.06 | 5.95 |
| 9 | 13.61 | 10.11 | 8.72 | 7.96 | 7.47 | 7.13 | 6.88 | 6.69 | 6.54 | 6.42 | 6.23 | 6.03 | 5.83 | 5.73 | 5.62 | 5.52 | 5.41 | 5.30 | 5.19 |
| 10 | 12.83 | 9.43 | 8.08 | 7.34 | 6.87 | 6.54 | 6.30 | 6.12 | 5.97 | 5.85 | 5.66 | 5.47 | 5.27 | 5.17 | 5.07 | 4.97 | 4.86 | 4.75 | 4.64 |
| 11 | 12.23 | 8.91 | 7.60 | 6.88 | 6.42 | 6.10 | 5.86 | 5.68 | 5.54 | 5.42 | 5.24 | 5.05 | 4.86 | 4.76 | 4.65 | 4.55 | 4.44 | 4.34 | 4.23 |
| 12 | 11.75 | 8.51 | 7.23 | 6.52 | 6.07 | 5.76 | 5.52 | 5.35 | 5.20 | 5.09 | 4.91 | 4.72 | 4.53 | 4.43 | 4.33 | 4.23 | 4.12 | 4.01 | 3.90 |
| 13 | 11.37 | 8.19 | 6.93 | 6.23 | 5.79 | 5.48 | 5.25 | 5.08 | 4.94 | 4.82 | 4.64 | 4.46 | 4.27 | 4.17 | 4.07 | 3.97 | 3.87 | 3.76 | 3.65 |
| 14 | 11.06 | 7.92 | 6.68 | 6.00 | 5.56 | 5.26 | 5.03 | 4.86 | 4.72 | 4.60 | 4.43 | 4.25 | 4.06 | 3.96 | 3.86 | 3.76 | 3.66 | 3.55 | 3.44 |
| 15 | 10.80 | 7.70 | 6.48 | 5.80 | 5.37 | 5.07 | 4.85 | 4.67 | 4.54 | 4.42 | 4.25 | 4.07 | 3.88 | 3.79 | 3.69 | 3.58 | 3.48 | 3.37 | 3.26 |
| 16 | 10.58 | 7.51 | 6.30 | 5.64 | 5.21 | 4.91 | 4.69 | 4.52 | 4.38 | 4.27 | 4.10 | 3.92 | 3.73 | 3.64 | 3.54 | 3.44 | 3.33 | 3.22 | 3.11 |

续表

| $n_1$ \ $n_2$ | 1 | 2 | 3 | 4 | 5 | 6 | 7 | 8 | 9 | 10 | 12 | 15 | 20 | 24 | 30 | 40 | 60 | 120 | $\infty$ |
|---|---|---|---|---|---|---|---|---|---|---|---|---|---|---|---|---|---|---|---|
| 17 | 10.38 | 7.35 | 6.16 | 5.50 | 5.07 | 4.78 | 4.56 | 4.39 | 4.25 | 4.14 | 3.97 | 3.79 | 3.61 | 3.51 | 3.41 | 3.31 | 3.21 | 3.10 | 2.98 |
| 18 | 10.22 | 7.21 | 6.03 | 5.37 | 4.96 | 4.66 | 4.44 | 4.28 | 4.14 | 4.03 | 3.86 | 3.68 | 3.50 | 3.40 | 3.30 | 3.20 | 3.10 | 2.99 | 2.87 |
| 19 | 10.07 | 7.09 | 5.92 | 5.27 | 4.85 | 4.56 | 4.34 | 4.18 | 4.04 | 3.93 | 3.76 | 3.59 | 3.40 | 3.31 | 3.21 | 3.11 | 3.00 | 2.89 | 2.78 |
| 20 | 9.94 | 6.99 | 5.82 | 5.17 | 4.76 | 4.47 | 4.26 | 4.09 | 3.96 | 3.85 | 3.68 | 3.50 | 3.32 | 3.22 | 3.12 | 3.02 | 2.92 | 2.81 | 2.69 |
| 21 | 9.83 | 6.89 | 5.73 | 5.09 | 4.68 | 4.39 | 4.18 | 4.01 | 3.88 | 3.77 | 3.60 | 3.43 | 3.24 | 3.15 | 3.05 | 2.95 | 2.84 | 2.73 | 2.61 |
| 22 | 9.73 | 6.81 | 5.65 | 5.02 | 4.61 | 4.32 | 4.11 | 3.94 | 3.81 | 3.70 | 3.54 | 3.36 | 3.18 | 3.08 | 2.98 | 2.88 | 2.77 | 2.66 | 2.55 |
| 23 | 9.63 | 6.73 | 5.58 | 4.95 | 4.54 | 4.26 | 4.05 | 3.88 | 3.75 | 3.64 | 3.47 | 3.30 | 3.12 | 3.02 | 2.92 | 2.82 | 2.71 | 2.60 | 2.48 |
| 24 | 9.55 | 6.66 | 5.52 | 4.89 | 4.49 | 4.20 | 3.99 | 3.83 | 3.69 | 3.59 | 3.42 | 3.25 | 3.06 | 2.97 | 2.87 | 2.77 | 2.66 | 2.55 | 2.43 |
| 25 | 9.48 | 6.60 | 5.46 | 4.84 | 4.43 | 4.15 | 3.94 | 3.78 | 3.64 | 3.54 | 3.37 | 3.20 | 3.01 | 2.92 | 2.82 | 2.72 | 2.61 | 2.50 | 2.38 |
| 26 | 9.41 | 6.54 | 5.41 | 4.79 | 4.38 | 4.10 | 3.89 | 3.73 | 3.60 | 3.49 | 3.33 | 3.15 | 2.97 | 2.87 | 2.77 | 2.67 | 2.56 | 2.45 | 2.33 |
| 27 | 9.34 | 6.49 | 5.36 | 4.74 | 4.34 | 4.06 | 3.85 | 3.69 | 3.56 | 3.45 | 3.28 | 3.11 | 2.93 | 2.83 | 2.73 | 2.63 | 2.52 | 2.41 | 2.29 |
| 28 | 9.28 | 6.44 | 5.32 | 4.70 | 4.30 | 4.02 | 3.81 | 3.65 | 3.52 | 3.41 | 3.25 | 3.07 | 2.89 | 2.79 | 2.69 | 2.59 | 2.48 | 2.37 | 2.25 |
| 29 | 9.23 | 6.40 | 5.28 | 4.66 | 4.26 | 3.98 | 3.77 | 3.61 | 3.48 | 3.38 | 3.21 | 3.04 | 2.86 | 2.76 | 2.66 | 2.56 | 2.45 | 2.33 | 2.21 |
| 30 | 9.18 | 6.35 | 5.24 | 4.62 | 4.23 | 3.95 | 3.74 | 3.58 | 3.45 | 3.34 | 3.18 | 3.01 | 2.82 | 2.73 | 2.63 | 2.52 | 2.42 | 2.30 | 2.18 |
| 40 | 8.83 | 6.07 | 4.98 | 4.37 | 3.99 | 3.71 | 3.51 | 3.35 | 3.22 | 3.12 | 2.95 | 2.78 | 2.60 | 2.50 | 2.40 | 2.30 | 2.18 | 2.06 | 1.93 |
| 60 | 8.49 | 5.79 | 4.73 | 4.14 | 3.76 | 3.49 | 3.29 | 3.13 | 3.01 | 2.90 | 2.74 | 2.57 | 2.39 | 2.29 | 2.19 | 2.08 | 1.96 | 1.83 | 1.69 |
| 120 | 8.18 | 5.54 | 4.50 | 3.92 | 3.55 | 3.28 | 3.09 | 2.93 | 2.81 | 2.71 | 2.54 | 2.37 | 2.19 | 2.09 | 1.98 | 1.87 | 1.75 | 1.61 | 1.43 |
| $\infty$ | 7.88 | 5.30 | 4.28 | 3.72 | 3.35 | 3.09 | 2.90 | 2.74 | 2.62 | 2.52 | 2.36 | 2.19 | 2.00 | 1.90 | 1.79 | 1.67 | 1.53 | 1.36 | 1.00 |

# 附表 6　检验相关系数的临界值表

$$P(\mid R \mid > R_\alpha) = \alpha$$

| $f$ \ $\alpha$ | 0.10 | 0.05 | 0.02 | 0.01 | 0.001 |
|---|---|---|---|---|---|
| 1 | 0.98769 | 0.99692 | 0.999507 | 0.999877 | 0.9999988 |
| 2 | 0.90000 | 0.95000 | 0.98000 | 0.99000 | 0.99900 |
| 3 | 0.8054 | 0.8783 | 0.93433 | 0.95873 | 0.99116 |
| 4 | 0.7293 | 0.8114 | 0.8822 | 0.91720 | 0.97406 |
| 5 | 0.6694 | 0.7545 | 0.8329 | 0.8745 | 0.95074 |
| 6 | 0.6215 | 0.7067 | 0.7887 | 0.8343 | 0.92493 |
| 7 | 0.5822 | 0.6664 | 0.7498 | 0.7977 | 0.8982 |
| 8 | 0.5494 | 0.6319 | 0.7155 | 0.7646 | 0.8721 |
| 9 | 0.5214 | 0.6021 | 0.6851 | 0.7348 | 0.8471 |
| 10 | 0.4933 | 0.5760 | 0.6581 | 0.7079 | 0.8233 |
| 11 | 0.4762 | 0.5529 | 0.6339 | 0.6835 | 0.8010 |
| 12 | 0.4575 | 0.5324 | 0.6120 | 0.6614 | 0.7800 |
| 13 | 0.4409 | 0.5139 | 0.5923 | 0.6411 | 0.7603 |
| 14 | 0.4259 | 0.4973 | 0.5742 | 0.6226 | 0.7420 |
| 15 | 0.4124 | 0.4821 | 0.5577 | 0.6055 | 0.7246 |
| 16 | 0.4000 | 0.4683 | 0.5425 | 0.5897 | 0.7084 |
| 17 | 0.3887 | 0.4555 | 0.5285 | 0.5751 | 0.6932 |
| 18 | 0.3783 | 0.4438 | 0.5155 | 0.5614 | 0.6787 |
| 19 | 0.3687 | 0.4329 | 0.5034 | 0.5487 | 0.6652 |
| 20 | 0.3598 | 0.4227 | 0.4921 | 0.5368 | 0.6524 |
| 25 | 0.3233 | 0.3809 | 0.4451 | 0.4869 | 0.5974 |
| 30 | 0.2960 | 0.3494 | 0.4093 | 0.4487 | 0.5541 |
| 35 | 0.2746 | 0.3246 | 0.3810 | 0.4182 | 0.5189 |
| 40 | 0.2573 | 0.3044 | 0.3578 | 0.3932 | 0.4896 |
| 45 | 0.2428 | 0.2875 | 0.3384 | 0.3721 | 0.4648 |
| 50 | 0.2306 | 0.2732 | 0.3218 | 0.3541 | 0.4433 |
| 60 | 0.2108 | 0.2500 | 0.2948 | 0.3248 | 0.4078 |
| 70 | 0.1954 | 0.2319 | 0.2737 | 0.3017 | 0.3799 |
| 80 | 0.1829 | 0.2172 | 0.2565 | 0.2830 | 0.3568 |
| 99 | 0.1726 | 0.2050 | 0.2422 | 0.2673 | 0.3375 |
| 100 | 0.1638 | 0.1946 | 0.2301 | 0.2540 | 0.3211 |

# 参考答案

## 习 题 1

### (A)

1. (1) {(正，正，正)，(正，正，反)，(正，反，正)，(正，反，反)，(反，正，正)，(反，正，反)，(反，反，反)，(反，反，正)}；

(2) { (正)，(反，正)，(反，反，正)，(反，反，反，正)，……}；

(3) $\{(x,y) \mid x^2 + y^2 \leqslant 1\}$

2. (1) $A\overline{B}\overline{C}$；(2) $\overline{ABC}$ 或 $\overline{A} \cup \overline{B} \cup \overline{C}$；(3) $A \cup B \cup C$；(4) $\overline{ABC}$；(5) $\overline{AB} \cup \overline{BC} \cup \overline{AC}$ 或 $\overline{A}B\overline{C} \cup \overline{A}\overline{B}C \cup A\overline{B}\overline{C} \cup \overline{A}\overline{B}\overline{C}$；(6) $\overline{A} \cup \overline{B} \cup \overline{C}$；(7) $AB \cup BC \cup AC$

3. $\dfrac{1}{2}$

4. $\dfrac{7}{12}$，$\dfrac{7}{18}$，$\dfrac{1}{36}$

5. $\dfrac{1}{60}$

6. $\dfrac{15}{28}$

7. (1) 0.525；(2) 0.0042；(3) 0.2917；(4) 0.7083；(5) 0.1833

8. (1) 0.0833；(2) 0.05；(3) 0.7083

9. (1) 0.8；(2) 0；(3) 0.3

10. 0.35

11. $\dfrac{22}{35}$

12. 0.6

13. 0.1；0.3

14. (1) 0.6，0.4；(2) 0.6；(3) 0.4；(4) 0，0.4，0.2

15. $\dfrac{1}{3}$

16. 0.6

17. 0.0083

18. 0.75

19. 0.6

20. 0.684
21. 0.095
22. 0.3878
23. 0.566
24. (1) $\dfrac{19}{36}$；(2) $\dfrac{4}{19}$
25. 0.0435
26. 0.9899
27. (1) 0.0729；(2) 0.4095
28. 0.9266，0.9703

## (B)

1. 略
2. (1) 错；(2) 错；(3) 错；(4) 错
3. $\dfrac{5}{36}$，$\dfrac{15}{36}$，$\dfrac{11}{36}$
4. 0.072
5. 0.02，0.488
6. (1) 错；(2) 错；(3) 错；(4) 对；(5) 错；(6) 对
7. 略
8. 略
9. 0.25
10. 0.118
11. (1) $\dfrac{8}{11}$；(2) $\dfrac{4}{5}$；(3) $\dfrac{32}{55}$
12. 略

# 习 题 2

## (A)

1. (1) $X = 2$；(2) $X \geqslant 2$；(3) $X \leqslant 3$；(4) $X \leqslant 1$

2.

| $X$ | 0 | 1 | 2 |
|-----|---|---|---|
| $P$ | $\dfrac{2}{5}$ | $\dfrac{8}{15}$ | $\dfrac{1}{15}$ |

| $X$ | 3 | 4 | 5 |
|---|---|---|---|
| $P$ | $\dfrac{1}{10}$ | $\dfrac{3}{10}$ | $\dfrac{3}{5}$ |

3.

4.

| $X$ | 0 | 1 |
|---|---|---|
| $P$ | 0.3 | 0.7 |

$$F(x) = \begin{cases} 0, & x < 0 \\ 0.3, & 0 \leqslant x < 1 \\ 1 & x \geqslant 1 \end{cases}$$

5. (1) $\dfrac{2}{3}$ ;　　(2) $\dfrac{26}{27}$ ;　　(3) $\dfrac{1}{3}$

6. (1)

| $X$ | $-1$ | 1 | 2 | 4 |
|---|---|---|---|---|
| $P$ | $\dfrac{1}{4}$ | $\dfrac{1}{4}$ | $\dfrac{1}{10}$ | $\dfrac{2}{5}$ |

　(2) $\dfrac{7}{20}$

7. (1) 0.5;　　(2) $F(x) = \begin{cases} 0, & x < 0 \\ \dfrac{1}{4}, & 0 \leqslant x < 1 \\ \dfrac{3}{4}, & 1 \leqslant x < 2 \\ 1, & x \geqslant 2 \end{cases}$ ;　　(3) 0.5

8. $\lambda = 1$ ; $\dfrac{1}{24e}$

9. (1) $A = \dfrac{1}{2}$ , $B = \dfrac{1}{\pi}$ ; (2) $\dfrac{1}{3}$

10. 0.9972

11. (1) $\dfrac{2}{3}$ ; (2) $\dfrac{8}{27}$

12. (1) 2; (2) $\dfrac{1}{e}$ ; (3) $F(x) = \begin{cases} 1 - e^{-2x}, & x > 0 \\ 0, & x \leqslant 0 \end{cases}$

13. (1) 1; (2) $\dfrac{1}{8}$ ; (3) $F(x) = \begin{cases} 0, & x < 0 \\ x^3, & 0 \leqslant x < 1 \\ 1, & x \geqslant 1 \end{cases}$

14. 0.5

15. (1) $f(x) = \begin{cases} xe^{-x}, & x > 0 \\ 0, & x \leqslant 0 \end{cases}$ ; (2) $1 - \dfrac{2}{e}$

16.　(1) 0.9332；　　(2) 0.0071；　　(3) 0.1611；　　(4) 0.1010

17.　(1) 0.6915；　　(2) 0.4759；　　(3) 0.4642；　　(4) 0.5486

18.　0.9544

19.　139.8

20.　(1) $\dfrac{1}{10}$；(2)

| $Y$ | 0 | 1 | 4 | 9 |
|---|---|---|---|---|
| $P$ | 0.1 | 0.4 | 0.4 | 0.1 |

21.　$f_Y(y) = \begin{cases} \dfrac{3}{16}(y-1)^3 e^{-(\frac{y-1}{2})^2}, & y \geqslant 1 \\ 0, & \text{其他} \end{cases}$

22.　$f_Y(y) = \begin{cases} \dfrac{1}{2\sqrt{\pi(y-1)}} e^{-\frac{y-1}{4}}, & y > 1 \\ 0, & \text{其他} \end{cases}$

23.

| $Z$ | 0 | 1 |
|---|---|---|
| $P$ | 0 | 1 |

**(B)**

1.　(1) 否；(2) 是

2.　(1) $e^{-4}$；(2) $(1-e^{-4})^3 \ (1+3e^{-4})$

3.　34.72

4.

| $Y$ | $-1$ | 0 | 1 |
|---|---|---|---|
| $P$ | $\dfrac{3}{40}$ | $\dfrac{1}{4}$ | $\dfrac{27}{40}$ |

5.　$f_Y(y) = \dfrac{2e^y}{\pi(1+e^{2y})}$ , $-\infty < y < +\infty$

# 习　题　3

**(A)**

1.　$P(X=i, Y=j) = \dfrac{C_{10}^i \cdot C_7^j \cdot C_5^{4-i-j}}{C_{22}^4}$ , $i \geqslant 0, j \geqslant 0, i+j \leqslant 4$

2.　$\dfrac{3}{8}$

3. (1) 3;　(2) $1+\dfrac{1}{2e^3}-\dfrac{3}{2e}$

4.

| X＼Y | 0 | 1 |
|---|---|---|
| 0 | $\dfrac{1}{3}$ | 0 |
| 1 | $\dfrac{1}{6}$ | $\dfrac{1}{2}$ |

5. (1) $f_X(x)=\begin{cases}\dfrac{1}{6}x+\dfrac{1}{3},&0\leqslant x\leqslant 2\\[2mm]0,&\text{其他}\end{cases}$, $f_Y(y)=\begin{cases}\dfrac{2}{3}y+2y^2,&0\leqslant y\leqslant 1\\[2mm]0,&\text{其他}\end{cases}$;

(2) $\dfrac{65}{72}$;

(3) $\dfrac{7}{24}$;

(4) 否

6. $a=\dfrac{1}{6}$, $b=\dfrac{1}{3}$

7. (1) 　　　　　　　　　　　　　　(2) $\dfrac{9}{16}$

| X＼Y | 0 | 1 | 2 |
|---|---|---|---|
| 0 | $\dfrac{3}{16}$ | $\dfrac{3}{8}$ | $\dfrac{3}{16}$ |
| 1 | $\dfrac{1}{16}$ | $\dfrac{1}{8}$ | $\dfrac{1}{16}$ |

8. (1) $f(x,y)=\begin{cases}3x^2e^{-y},&0<x<1,y>0\\0,&\text{其他}\end{cases}$;　　(2) $\dfrac{1}{8}\left(1-\dfrac{1}{e}\right)$

9. (1)

| X＋Y | 0 | 1 | 2 | 3 | 4 |
|---|---|---|---|---|---|
| P | $\dfrac{1}{10}$ | $\dfrac{1}{10}$ | $\dfrac{9}{20}$ | $\dfrac{3}{20}$ | $\dfrac{1}{5}$ |

(2)

| 3Y | 0 | 3 | 6 |
|---|---|---|---|
| P | $\dfrac{3}{10}$ | $\dfrac{1}{4}$ | $\dfrac{9}{20}$ |

(3)

| XY | 0 | 1 | 2 | 4 |
|---|---|---|---|---|
| P | $\frac{3}{5}$ | $\frac{1}{20}$ | $\frac{3}{20}$ | $\frac{1}{5}$ |

10.

| U | 2 | 3 | 4 |
|---|---|---|---|
| P | 0.24 | 0.56 | 0.2 |

11. (1) $P(X=i,Y=i)=\dfrac{i}{36},i=1,\cdots,6$;

$P(X=i,Y=j)=0$,$i>j$;$P(X=i,Y=j)=\dfrac{1}{36}$,$i<j$;

(2) $\dfrac{7}{9}$;

(3)

| X | 1 | 2 | 3 | 4 | 5 | 6 |
|---|---|---|---|---|---|---|
| P | $\frac{1}{6}$ | $\frac{1}{6}$ | $\frac{1}{6}$ | $\frac{1}{6}$ | $\frac{1}{6}$ | $\frac{1}{6}$ |

| Y | 1 | 2 | 3 | 4 | 5 | 6 |
|---|---|---|---|---|---|---|
| P | $\frac{1}{36}$ | $\frac{1}{12}$ | $\frac{5}{36}$ | $\frac{7}{36}$ | $\frac{1}{4}$ | $\frac{11}{36}$ |

12. $f_Z(z)=\begin{cases}0,z<0\\1-\mathrm{e}^{-z},0\leqslant z\leqslant 1\\(\mathrm{e}-1)\mathrm{e}^{-z},z>1\end{cases}$

13. (1) $f(x,y)=\begin{cases}1,(x,y)\in D\\0,\quad\text{其他}\end{cases}$;

(2) $f_X(x)=\begin{cases}1,0\leqslant x<1\\0,\quad\text{其他}\end{cases}$

$f_Y(y)=\begin{cases}y+1,-1\leqslant y<0\\1-y,0\leqslant y<1;\\0,\quad\text{其他}\end{cases}$

(3) 否

14. $f_Z(z)=\begin{cases}2(\mathrm{e}^{-z}-\mathrm{e}^{-2z}),z>0\\0,\quad\text{其他}\end{cases}$

## (B)

1. $f_X(x) = \dfrac{1}{\sqrt{2\pi}} e^{-\frac{x^2}{2}}$，$x \in R$；$f_Y(y) = \dfrac{1}{\sqrt{2\pi}} e^{-\frac{y^2}{2}}$，$y \in R$

2. (1) $\dfrac{2}{\pi^2}$；　　(2) $\dfrac{1}{16}$；

　　(3) $f_X(x) = \dfrac{2}{\pi(1+4x^2)}$，$f_Y(y) = \dfrac{1}{\pi(1+y^2)}$；　　(4) 是

3. (1)

| $Y_1$ | 1 | 2 | 3 |
|---|---|---|---|
| $P$ | $\dfrac{1}{36}$ | $\dfrac{2}{9}$ | $\dfrac{3}{4}$ |

| $Y_2$ | 1 | 2 | 3 |
|---|---|---|---|
| $P$ | $\dfrac{11}{36}$ | $\dfrac{4}{9}$ | $\dfrac{1}{4}$ |

(2)

| $Y_1$ \ $Y_2$ | 1 | 2 | 3 |
|---|---|---|---|
| 1 | $\dfrac{11}{1296}$ | $\dfrac{1}{81}$ | $\dfrac{1}{144}$ |
| 2 | $\dfrac{11}{162}$ | $\dfrac{4}{81}$ | $\dfrac{1}{18}$ |
| 3 | $\dfrac{11}{48}$ | $\dfrac{1}{3}$ | $\dfrac{3}{16}$ |

4. $f_Z(z) = \begin{cases} \dfrac{1}{6} z^3 e^{-z}, & z > 0 \\ 0, & \text{其他} \end{cases}$

5. $f(x,y) = \begin{cases} \dfrac{e^{-y}}{(1+x)^2}, & x \geqslant 0, y \geqslant 0 \\ 0, & \text{其他} \end{cases}$

6. $f_Z(z) = 0.4 f_Y(z) + 0.6 f_Y(z-1)$

# 习　题　4

## (A)

1. 乙机床较好

2. 3

3. 1. 2

4. $\dfrac{1}{3}$，$\dfrac{2}{3}$，$\dfrac{35}{24}$

5. $k=3$，$a=2$

6. (1) 1；(2) 1；(3) $\dfrac{19}{6}$；(4) $\dfrac{14}{3}$

7. (1) 2；(2) $\dfrac{1}{3}$

8. 4

9. 0. 501，0. 432

10. 1

11. 2，2

12. 27

13. $-\dfrac{1}{2}$ $(1+\ln 2)$

14. $\dfrac{1}{\lambda}$，$\dfrac{1}{\lambda^2}$

15. 0，0. 5

16. $[1+(a-1)p]^n-2$

17. 略

18. $\dfrac{7}{6}$，$\dfrac{7}{6}$，$-\dfrac{1}{36}$，$-\dfrac{1}{11}$，$\dfrac{5}{9}$

19. 不独立

20. 61，21

### (B)

1. $\displaystyle\sum_{i=1}^{n} p_i$

2. $\dfrac{a}{3}$，$\dfrac{a^2}{18}$

3. 60s，$1200s^2$

4. 2，2

5. 0，$\dfrac{\pi^2}{12}-\dfrac{1}{2}$

6. $\dfrac{1}{2}$，$\dfrac{3}{4}$

7. $\dfrac{1}{2}$，$\dfrac{13}{4}$

8. $\dfrac{4}{5}$，$\dfrac{3}{5}$，$\dfrac{1}{2}$，$\dfrac{16}{15}$

9. 0

10. $\dfrac{2}{3}$，0，0

11. (1) $\dfrac{1}{3}$，3；(2) 0；(3) 相互独立

12. 略

13. 略

14. $\mu_k = \begin{cases} 0, & k \text{ 为奇数} \\ \lambda^k k!, & k \text{ 为偶数} \end{cases}$

# 习 题 5

## (A)

1. $\dfrac{1}{3}$，$\dfrac{1}{3}$

2. 0.95

3. 20，6

4. 0.9544

5. 0.0021

6. 224

7. 0，0.5

8. 0.0003，0.5

## (B)

1. 略

2. 略

3. 略

# 习 题 6

## (A)

1. $P(X_1 = x_1, \cdots, X_n = x_n) = p^{\sum\limits_{k=1}^{n} x_k} (1-p)^{n - \sum\limits_{k=1}^{n} x_k}$

2. $f(x_1, \cdots, x_n) = \begin{cases} \lambda^n e^{-\lambda \sum\limits_{k=1}^{n} x_k}, & x_1, \cdots, x_n > 0 \\ 0, & \text{其他} \end{cases}$

3. $\dfrac{1}{n}\sum\limits_{i=1}^{n}X_i$，$\dfrac{1}{\sigma^2}\sum\limits_{i=1}^{n}(X_i-\overline{X})^2$，$\max\limits_{1\leqslant i\leqslant n}\{X_i\}$ 是统计量，其他不是

4. $E(\overline{X})=\mu$，$D(\overline{X})=\dfrac{\sigma^2}{n}$

5. 样本均值是 7，样本方差是 $\dfrac{17}{3}$ 和标准差是 $\sqrt{\dfrac{17}{3}}$

6. (1) 3.94；(2) 16.812；(3) 1.8595；(4) 2.201；(5) 2.73；(6) 10.88

7. (1) 0.673；(2) 16

8. $\lambda_1=\lambda_2=15.507$

9. (1) 0.99；(2) 0.9

**(B)**

1. $t(5)$

2. $F(15,8)$

3. (1) 0.98；(2) 0.975

4. (1) 0.01；(2) $\sigma^2$

# 习 题 7

**(A)**

1. $\dfrac{1}{\overline{x}}$

2. $\dfrac{1}{\overline{x}}$，$\dfrac{1}{\overline{x}}$

3. $\dfrac{1-2\overline{x}}{\overline{x}-1}$，$-1-\dfrac{n}{\sum\limits_{i=1}^{n}\ln x_i}$

4. 2，5.7778

5. $\dfrac{1}{2013}$

6. 略

7. 略

8. 略

9. (14.8175, 15.0843)，(14.7900, 15.1100)

10. (572.1010, 578.2990)，(521.0236, 629.3764)

11. (0.0242, 0.3738)

(B)

1. B
2. A
3. B
4. D
5. D
6. $\hat{\mu} = x_{(1)}, \hat{\theta} = \bar{x} - x_{(1)}$
7. 略
8. 略
9. (14.9362，15.0238)
10. (2733.6，3199.7)
11. (500.4451，507.0549)，(4.5816，9.5990)
12. (1213.9，1786.1)，(189.2469，1333.1)

# 习 题 8

## (A)

1. 可以认为含碳量仍为 4.55
2. 不能认为平均尺寸是 32.50mm
3. 可以接受原假设
4. 接受 $H_0$
5. 可以认为该地区的初婚年龄已超过 20 岁
6. 接受包装的平均重量是 10kg
7. 有显著差异
8. 可以认为
9. 无显著差异
10. 两厂灯泡的平均寿命有显著差异
11. 两个正态总体具有相同的方差
12. 接受 $H_0$

## (B)

1. $\mu \leqslant \mu_0 ; \mu = \mu_0$
2. B
3. 没有必要

4. 接受 $H_0$（次品率无明显下降）

5. 拒绝 $H_0$（强力明显提高）

6. 是一样的

7. 认为改变淬火温度对振动板的硬度有显著影响

# 参考文献

[1] 同济大学数学系. 概率统计简明教程[M]. 2 版. 北京：高等教育出版社，2011.

[2] 复旦大学数学系. 概率论(第一册，第二册)[M]. 北京：高等教育出版社，1979.

[3] 茆诗松，王静龙，濮晓龙. 概率论与数理统计教程[M]. 2 版. 北京：高等教育出版社，2011.

[4] 韦博成. 参数统计教程[M]. 北京：高等教育出版社，2006.

[5] 宗序平. 概率论与数理统计[M]. 3 版. 北京：机械工业出版社，2011.

[6] E. L. Lehmann, George Casella. Theory of Point Estimation[M]. 2nd ed. New Tork：Springer，1998.